ENTOMOLOGISCHE ABHANDLUNGEN

Herausgegeben vom

STAATLICHEN MUSEUM FÜR TIERKUNDE IN DRESDEN

In Kommission

AKADEMISCHE VERLAGSGESELLSCHAFT GEEST & PORTIG K.-G.

LEIPZIG

Staatliches Museum für Tierkunde in Dresden
DDR – 801 Dresden, Augustusstraße 2

ABHANDLUNGEN UND BERICHTE AUS DEM STAATLICHEN MUSEUM FÜR TIERKUNDE IN DRESDEN

Hinweise für unsere Autoren

Die Publikationen des Staatlichen Museums für Tierkunde in Dresden dienen der Veröffentlichung von Arbeiten aus dem Museum sowie solchen, die ganz oder teilweise Material des Museums behandeln oder über Materialien berichten, von denen Belegstücke in die Sammlung des Museums kommen.

Die Arbeiten sollen eine Thematik aus den Wissensgebieten Taxonomie, Phylogenie, Evolution, Morphologie, Anatomie, Biologie, Ökologie, Faunistik, Zoogeographie sowie den fachbezogenen Museumswissenschaften beinhalten. Arbeiten anderer Wissensgebiete sowie biographisch oder methodisch orientierte Arbeiten können aufgenommen werden, sofern sie zur Kenntnis der genannten Gebiete beitragen. Es werden nur Originalarbeiten veröffentlicht, die weder ganz noch teilweise bereits an anderer Stelle erschienen sind. Publikationen über Tiermaterial vom Gebiet der Deutschen Demokratischen Republik werden vorrangig behandelt.

Für Inhalt, sprachliche Gestaltung sowie Beachtung einer eventuellen Veröffentlichungsgenehmigung ihrer Arbeiten sind die Autoren selbst verantwortlich. Eine redaktionelle Bearbeitung der Manuskripte behält sich der Herausgeber vor. Die Autoren erhalten eine Eingangsbestätigung oder umfassendere Nachricht über die eingesandten Manuskripte. Nach Veröffentlichung ihrer Arbeiten erhalten die Autoren unentgeltlich 100 Sonderdrucke zugesandt; bei Veröffentlichungen, welche mehr als 200 Seiten umfassen, nur 50 Sonderdrucke. Von in den „Faunistischen Abhandlungen" erscheinenden Kurzmitteilungen werden 10 Belegexemplare ausgegeben. Diese Zahlen können aus technischen Gründen auch bei Veröffentlichungen von zwei oder mehr Autoren nicht erhöht werden.

Die Manuskripte können in deutscher, englischer oder französischer Sprache abgefaßt sein. Jede Arbeit (ausgenommen die für die „Reichenbachia" vorgesehenen Veröffentlichungen) muß eine kurze Zusammenfassung in der zur Abfassung des Manuskriptes verwendeten Sprache enthalten. Diese Zusammenfassung wird einschließlich des Titels der Arbeit bei deutschsprachigen Manuskripten in das Englische, bei fremdsprachigen Manuskripten in das Deutsche übertragen. Es ist erwünscht, daß die Autoren diese Übertragung selbst vornehmen.

Eine Rezension eingesandter Monographien wird auf Wunsch gern vorgenommen.

Spezielle Richtlinien über Manuskriptgestaltung, Ausführung der Illustrationen und Korrekturgang der Publikationen können auf Anforderung vom Herausgeber bezogen werden.

ENTOMOLOGISCHE ABHANDLUNGEN

Herausgegeben vom

STAATLICHEN MUSEUM FÜR TIERKUNDE IN DRESDEN

Band 40 Supplement II
1975

W. Heinz Muche: Die Blattwespen Mitteleuropas. Die Gattung Amauronematus Konow (Hymenoptera, Nematinae)

In Kommission
AKADEMISCHE VERLAGSGESELLSCHAFT GEEST & PORTIG K.-G.
LEIPZIG

Inhalt:

Entom. Abh. Mus. Tierk. Dresden Band 40 Supplement II 1975

Staatliches Museum für Tierkunde, DDR – 801 Dresden, Augustusstraße 2

Verantwortlicher Redakteur: Dr. RAINER EMMRICH

Genehmigt: Ministerrat der Deutschen Demokratischen Republik, Ministerium für Kultur, unter Nr. 105/18/75

Klischees: Graphischer Großbetrieb „Völkerfreundschaft" Dresden

Satz und Druck: Oberlausitzdruck Großschönau

ENTOMOLOGISCHE ABHANDLUNGEN
STAATLICHES MUSEUM FÜR TIERKUNDE IN DRESDEN

Band 40 Ausgegeben: 16. Dezember 1975 Supplement II

Die Blattwespen Mitteleuropas
Die Gattung Amauronematus KONOW

(Hymenoptera, Nematinae)

(NEMATINAE, 3. Teil) [1])

Mit 90 Figuren

W. HEINZ MUCHE
Radeberg

Amauronematus KONOW

Deutsch. Ent. Zeitschr., 1890, Vol. 34, p. 237.
Genotypus: *Amauronematus (Nematus) fallax* (LEPELETIER)

Charakteristik: Clypeus stets ausgerandet; Mundwerkzeuge meist vorgestreckt, Kopf von vorn meist dreieckig, höher als breit oder meist nur wenig breiter als hoch; Fühler meist kurz und kräftig, aber nach der Spitze verjüngt; Kopf von oben gesehen mit meist abgeflachtem Vorderwulst des Frontalfeldes oder nach der Supraantennalgrube tief unterbrochen; von der Seite gesehen das Interantennalfeld vom Supraclypealfeld bis zum Frontalfeld meist ziemlich gleichmäßig gewölbt, bei *Nematus* dagegen zwischen den Fühlern bis zur Basis der Supraantennalgrube vorgewölbt. Mesonotum und Mesopleuren meist dicht punktiert, bei einigen Arten jedoch mehr glatt und glänzend, z. B. bei *viduatus* ZETTERSTEDT. Bei den meisten Arten ist die Sägescheide der ♀♀, von oben gesehen, verbreitert und abgestutzt; bei den ♂♂ ist die chitinisierte Spitze der Penisvalve waagerecht oder leicht nach unten gebogen, ähnlich wie bei *Nematus* oder *Pontania;* die Krallen der Tarsen sind stets gespalten; das Stigma des Vorderflügels ist einfarbig, höchstens dunkel gerandet, meist mit ausgezogener Spitze und bis 3mal so lang wie breit.

Bei den im Text auftretenden Formeln POL und OOL handelt es sich um die von RICHARDS (Handbooks for the Identification of British Insects, Hymenoptera: Introduction and key to Families, Part I) fundamentierten Abmessungen. POL entspricht der Postocellarlinie, d. h. dem Zwischenraum der Postocellen; OOL ist die Linie vom Außenrand einer Postocelle zum nächsten Punkt des Augenrandes. Diese Verhältnislinien sind relativ konstant und ermöglichen demzufolge gute Hinweise. Im gleichen Vergrößerungsverhältnis des Netzmikrometers ist zumeist die Länge des Wangenanhanges mit angeführt.

[1]) Die vorhergehenden Teile erschienen wie folgt:
Nematinae, 1. Teil: Entom. Abh. Mus. Tierk. Dresden, Bd. 36, Supplement, 1967–1970 (1970), pp. 157–214.
Nematinae, 2. Teil: Deut. Ent. Z., N. F., Bd. 21, 1974, H. I–III, pp. 1–137.

Die taxonomische Stellung dieser Gattung ist schwierig und dadurch die Definition einiger Arten unsicher. So wurde auch *fahraei* THOMSON von BENSON zu *Nematus* gestellt und *amentorum* (FÖRSTER) von *Pristiphora* zu *Amauronematus* verlegt.

KONOW (1895) teilte die Gattung *Amauronematus in* 2 Untergattungen ein, und zwar in

Subgenus *Amauronematus*: 9. Apikaltergit des Abdomen beim ♂ mehr oder weniger hornig und die Genitalien bedeckend; ♀ mit langer Sägescheide, bzw. so lang oder länger als die Hinterschiene.

Subgenus *Brachycolus*: Apikalsegment beim ♂ häutig und nicht hervorragend; Sägescheide kürzer als Hinterschiene.

Diese Unterteilung ist nicht mehr haltbar und wurde von ihm selbst im „Genera Insectorum" (WYTSMAN) nicht mehr berücksichtigt.

In diesem Zusammenhang sei auch die Gattung *Decanematus* MALAISE (1931) erwähnt. Es handelt sich um eine Zusammenfassung der *viduatus*-Gruppe. In dieser Bearbeitung ist jedoch jene Gruppe unter *Amauronematus* zusammengefaßt.

Pontoprista MALAISE (1921, Beiträge zur Kenntnis schwedischer Blattwespen, Ent. Tidskr., pp. 12–13) ist bei den ♀♀ charakterisiert durch das Fehlen der Schuppenborsten an den Plattenstriemen der Sägevalve, durch sehr kurze und gleichlange Endsporne der Hinterschiene; besonders ist jedoch das ♀ an der aufgerichteten und ausgerandeten Sägescheide zu erkennen; außerdem ist das Frontalfeld nur undeutlich oder nicht begrenzt. Die Entwicklung der Arten findet in Weidenkätzchen statt. Bei den ♂♂ sind weniger deutliche Merkmale vorhanden, weshalb ich die Vertreter bei *Amauronematus* mit berücksichtigt habe.

Alle Arten der Gattung *Amauronematus* sind Frühjahrsflieger, die man besonders an den Kätzchen der Salix-Arten fangen kann, in denen auch die Entwicklung einiger Arten stattfindet.

Von den circumpolaren Arten existieren viele Vertreter, welche nur geringe genitalmorphologische Unterschiede aufweisen. Die Artberechtigungen sind da oft zweifelhaft. Weder ökologische Formen, die durch Wechsel der Salix-Arten entstanden sein können, noch subspezifische Formen sind bisher festgelegt worden. Es wäre gegen das Prinzip der Evolution, wenn es sich bei den vielen beschriebenen Spezies tatsächlich nur um valide Arten handeln würde. Bereits klimatologisch bedingt können bei den zur Eiablage genutzten Salix-Arten epidermale Unterschiede möglich sein, die Veränderungen der Sägevalven der ♀♀ nach sich ziehen müssen. Kann man aber in solchen Fällen den Artbegriff verwenden? Die breite Artenbasis kann daher nur als eine wertvolle Plattform angesehen werden, von der aus die verwandten Artvertreter biologisch sowie ökologisch und tiergeographisch durchforscht und erkannt werden müssen.

Umfassende Arbeiten über die Gattung *Amauronematus*

BENSON, R. B., 1958: Handbooks for the Identification of British Insects. *Hymenoptera*, 2. *Symphyta*, Vol. VI, pp. 176–192.

ENSLIN, E., 1915: Die *Tenthredinoidea* Mitteleuropas. – Beihefte Deut. Ent. Zeitschr., p. 374–406.

HELLÉN, W., 1970: Die Nematinen Finnlands, II. – Notul. Ent., L, pp. 1–37.

KONOW, W., 1895: Bestimmungsschlüssel der *Amauronematus*. – Term. Füzet., XVIII, pp. 166–187.

KONOW, W., 1907: Bestimmungstabelle der *Amauronematus*. – Mém. Acad. Imp. Sct. Petersburg, Vol. XVIII.
LINDQVIST, E., 1973: Taxonomische Kommentare zu mehreren *Amauronematus*-Arten aus Finnland. – Notul. Ent., LIII, pp. 41–58.

Die paläarktischen Arten der Gattung *Amauronematus* außerhalb des Faunengebietes

Amauronematus abnormis HOLMGREN, 1883: Ent. Tidskr., 4, p. 148.
Synonym: *Amauronematus aulacus* MAC GILLVRAY; *tolli* KONOW, 1907. Schweden und Schottland. Diese Art gleicht *longiserra* (THOMSON). Der Typus von *tolli* KONOW befindet sich im Institut für Pflanzenschutzforschung, Eberswalde.

Amauronematus acutus LINDQVIST, 1970: Not Ent., I, pp. 98–99.
Aus Dasiphora gezogen. Sibirien: Tschernorud. Die Art gleicht *Am. fallax* (LEPELETIER).

Amauronematus amelanchieris TAKEUCHI: Insect. World, 26, p. 292.
Japan.

Amauronematus (Pontoprista) analis LINDQVIST, 1961: Not. Ent., XII, pp. 75–76.
Lappland, Norwegen, Schweden, Finnland. Nach LINDQVIST eine der größten *Pontoprista*-Arten, bis 5,5 mm.

Amauronematus anthracinus LINDQVIST, 1959: Not. Ent., XXXIX, p. 11.
Lappland. Nach BENSON Synonym von *hyperboreus* (THOMSON), von LINDQVIST (1973) resynonymisiert.

Amauronematus atratus LINDQVIST, 1961: Not. Ent., XLI, pp. 6–7.
Finnland. Ähnlich *Am. schlueteri* ENSLIN.

Amauronematus bergmanni MALAISE, 1931: Ark. Zool., 23 A, Nr. 8, p. ?
Von MALAISE als Variante von *variabilis* beschrieben; von LINDQVIST (1940, Notul. Ent., p. 63) als eigene Art aus der *vittatus*-Gruppe erkannt. Kamtschatka.

Amauronematus bicolor JAKOVLEV, 1891: Hor. Soc. Ent. Ross., Vol. 26, p. 26.
Sibirien: Irkutsk. Ohne Differentialdiagnose beschrieben.

Amauronematus branderi LINDQVIST, 1969: Not. Ent., XLIX, pp. 231–232.
Finnland. Ähnlich *viduatus* ZETTERSTEDT.

Amauronematus (Pontoprista) brevivalvis MALAISE, 1921: Ent. Tidskr., 41, pp. 14–15.
Lappland. Ähnlich *Am. latiserra* MALAISE.

Amauronematus camtschatcalis ENSLIN, 1926: An. Mus. Zool. Acad. Sc. URSS, p. 376.
Kamtschatka. Ähnlich *analis* KONOW.

Amauronematus carbonarius HELLÉN, 1951: Lunds Univ. Arsskr., N. F., 46, pp. 71–72.
Schwedisch-Lappland. Verwandt mit *Am. hyperboreus* (THOMSON).

Amauronematus coracinus LINDQVIST, 1959: Notul. Ent., XXXIX, pp. 14–15.
Schweiz. Gleicht *Am. hyperboreus* (THOMSON).

Amauronematus cornutus LINDQVIST, 1962: Not. Ent., XLII, pp. 118–119.
Finnland. Ähnelt *Am. viduatus* ZETTERSTEDT, aber größer (7 mm).

Amauronematus crassidens LINDQVIST, 1970: Notul. Ent., I, pp. 99–100.
Sibirien: Irkutsk. Larve an Salix. Keine Differentialdiagnose.

Amauronematus crassiserra LINDQVIST, 1959: Notul. Ent., XXXIX, pp. 129–130.
Lappland. Kleine Art mit glänzendem Thorax und kurzer dicker Sägescheide.

Amauronematus (Pontoprista) dahlbomi (THOMSON), 1871: Hym. Scand., Vol. I, p. 134.
Synonym ist *Pontoprista lapponica* MALAISE, 1921: Ent. Tidskr., p. 14.
Schweden. Ähnlich *Am. suavis* RUTHE.

Amauronematus dalecarlicus MALAISE, 1921: Ent. Tidskr., p. 2.
Schweden. Verwandt mit *Am. aeger* KONOW.

Amauronematus edenticulatus LINDQVIST, 1970: Notul. Ent., I, p. 100.
Sibirien: Irkutsk. Larve an Salix. Keine Differentialdiagnose.

Amauronematus eiteli SAARINEN, 1948: Ann. Ent. Fenn., 14, p. 82.
Fennoskandien. Verwandt mit *Am. longiserra* (THOMSON).

Amauronematus enslini LINDQVIST, 1950: Notul. Ent., XXXIX, pp. 8–9.
Österreich: Oberstdorf, Salzburg; Norwegen. Gleicht *hyperboreus* (THOMSON). Zweifelhafte Art.

Amauronematus erectus LINDQVIST, 1945: Notul. Ent., XXV, pp. 107–108.
Lappland, Sibirien. Verwandt mit *Am. histrio* (LEP.) und *Am. rufus* KONOW und *Am. schlueteri* ENSLIN.

Amauronematus excellens FORSIUS, 1919: Acta Soc. Fauna Flora Fennica, 46 (4), p. 30.
Finnland. Von BENSON synonymisiert, von LINDQVIST resynonymisiert (Notul. Ent., XLII, 1962, p. 127). Verwandt mit *Am. lateralis* KONOW.

Amauronematus galbiventris LINDQVIST, 1959: Not. Ent., XXXIX, p. 130.
Schweden. Ähnelt *Am. semilacteus* ZADDACH und *Am. tenuiserra* LINDQVIST.

Amauronematus glacialis JAKOVLEV, 1891: Hor. Ent. Ross., Vol. 26, p. 26.
Nowaja Semlja. Ohne Differentialdiagnose.

Amauronematus groenlandicus MALAISE, 1933: Svalb. eg. Ischavet, 53, pp. 3–4.
Circumboreales Europa, Kanada. Ähnelt *Am. hyperboreus* (THOMSON).

Amauronematus hebes KONOW, 1907: E. Zoologie, 1 (3), p. 26.
Synonym: *Am. pristiphorinus* MALAISE, 1921: Ent. Tidskr., p. 2.
Lappland, Kanada. Nach HELLÉN synonym zu *semeraolis* KIAER, von LINDQVIST resynonymisiert. Typus von *hebes* (1 ♀ im Institut für Pflanzenschutzforschung, Eberswalde).

Amauronematus helleni LINDQVIST, 1941: Notul. Ent., XXI, p. 66.
Lappland, Kanada. Gleicht *Am. arcticola* ENSLIN.

Amauronematus (Nematus) hololeucopus (COSTA), 1890: Rendic. Accad. Sc. Fis. Napoli, Vol. 4, p. 4.
Griechenland.

Amauronematus hulteni MALAISE, 1931: Ark. Zool., 23 (8), p. ?
Kamtschatka, Kanada. Von MALAISE als Varietät von *variabilis* MALAISE beschrieben; von LINDQVIST (1949, Notul. Ent., p. 62) als valide Art erkannt.

Amauronematus (Nematus) hyperboreus (THOMSON), 1871: Hym. Scand., Vol. 1, p. 127.
Schweden, Finnland. Schwarze matte Art.

Amauronematus intermedius MALAISE, 1931: Arkiv Zool., 23 A (8).
Circumboreale Art: Finnland, Kamtschatka. Verwandt mit *Am. longiserra* (THOMSON).

Amauronematus isolatus KINCAID, 1900: Proc. Washington Acad. Sc., Vol. 2, p. 358.
Island.

Amauronematus (Pontoprista) itelmena MALAISE, 1931: Arkiv Zool., Bd. 23 A, Nr. 8, p. 54. Kamtschatka, Kanada.

Amauronematus (Pontoprista) latiserra MALAISE, 1921: Ent. Tidskr., p. 14. Schweden. Verwandt mit *Am. boreoalpina* LINDQVIST.

Amauronematus latisulcatus MALAISE, 1931: Ark. Zool., 23 (8). Kamtschatka. Ähnelt *Am. arcticola* ENSLIN.

Amauronematus leptocephalus MALAISE, 1920: Ent. Tidskr., 41, pp. 121–122. Arktisches Eurasien, Kanada. Von LINDQVIST als *Pteronidea* bezeichnet.

Amauronematus leucopyga LINDQVIST, 1948: Notul. Ent., XXVIII, pp. 69–70. Synonym: *Pteronidea bipicta* LINDQVIST.
Finnland. Verwandt mit *Am. polaris* HOLMGREN.

Amauronematus lindqvisti HELLÉN, 1951: Notul. Ent., 31, p. 107. Norwegen, Schweden, Finnland. Ähnlich *Am. apiciserra* MALAISE und *Am. sagmarius* KONOW.

Amauronematus longicauda HELLÉN, 1948: Notul. Ent., 27 (194), p. 113. Lappland, Nordamerika. Ähnlich *Am. longiserra* (THOMSON).

Amauronematus macrophthalmus LINDQVIST, 1959: Notul. Ent., XXXIX, pp. 13–14. Mittelfinnland. Evtl. Synonym von *Am. hyperboreus* (THOMSON), aber helle Färbung, breiten Kopf und große Augen.

Amauronematus (Pontoprista) montana LINDQVIST, 1961: Notul. Ent., XII, pp. 76–77. Schweden, Lappland. Ähnlich *Am. microphyes* (FÖRSTER) und *Am. punctulata* LINDQVIST.

Amauronematus morawitzi JAKOVLEV, 1891: Hor. Soc. Ent. Ross., Vol. 26, pp. 24–25. „Nordrußland: Nähe Petropolin".

Amauronematus (Nematus) neglectus KIRBY, 1882: List. Hym. Brit. Mus., Vol. I, p. 147. Lappland, Ostsibirien, Nordamerika. Nach LINDQVIST Synonym von *Am. spiniserra*; nach BENSON (1962) Synonym von *intermedius* MALAISE.

Amauronematus (Decanematus) nitidipleuris MALAISE, 1931: Ark. Zool., 23 A, No. 8, p. 45. Kamtschatka, Grönland. Nach HELLÉN Synonym von *cornutus* LINDQVIST (♂).
Gruppe: *Am. viduatus* (ZETTERSTEDT).

Amauronematus nylundi LINDQVIST, 1969: Notul. Ent., XLIX, pp. 232–233. Finnland. Ähnlich *Am. vittatus* (LEPELETIER).

Amauronematus obesus LINDQVIST, 1959: Notul. Ent., XXXIX, pp. 11–12. Lappland. Nach LINDQVIST ist synonym: *humeralis* var. *rufomaculatus* MALAISE. Verwandt mit *Amauronematus carbonarius* HELLÉN.

Amauronematus (Nematus) obscuripes HOLMGREN, 1883: Ent. Tidskr., Vol. 4, p. 144. Nordeuropa. Synonym: *Am. tridentatus* MALAISE. Diese Art gleicht *Am. poppii* KONOW, aber mit rotgefleckten Mesopleuren.

Amauronematus pallidor HELLÉN, 1970: Notul. Ent., I, pp. 15–16. Finnland. Ähnlich *Am. sagmarius* KONOW und *Am. miltonotus* (ZADDACH).

Amauronematus poppii KONOW, 1904: Zeitschr. Hym. Dipt., Vol. 4, p. 266. Russia bor.: Kanin. Evtl. Synonym von *Am. hyperboreus* (THOMSON).

Amauronematus pribaicalicus LINDQVIST, 1970: Notul. Ent. I, pp. 100–102.
Sibirien: Irkutsk. Ähnelt *Am.edenticulatus* LINDQVIST. Larve an Salix.

Amauronematus pristiphoroides LINDQVIST, 1972: Notul. Ent., LII, pp. 72–73.
Kamtschatka. Ähnlich *Am. pristiphorinus* MALAISE.

Amauronematus pseudofasciatus LINDQVIST, 1969: Notul. Ent., XLIX, pp. 235–236.
Finnland. Ähnlich *Am. fasciatus* KONOW.

Amauronematus (Pontoprista) punctulata LINDQVIST, 1961: Notul. Ent., XII, pp. 77–78.
Lappland. Durch die punktierten Mesopleuren charakterisiert.

Amauronematus ramini LINDQVIST, 1960: Notul. Ent., XXXX, pp. 33–34.
Finnland. Ähnelt *Am. tillbergi* MALAISE.

Amauronematus (Nematus) reticulatus (HOLMGREN), 1883: Ent. Tidskr., Vol. 4, p. 143.
Circumpolare Art. Eine 4,5–5 mm große, variable Art; von BENSON als *Nematus* geführt. Larve an Vaccinium vorkommend.

Amauronematus rubiginosa HELLÉN, 1951: Notul. Ent., 31, p. 107.
Sibirien.

Amauronematus rufus KONOW, 1896: Ent. Nachr., Vol. 22, p. 161.
Sibirien. Lectotypus (♀) und 1 ♀ als Paralectotypus wurden hiermit festgelegt (Institut für Pflanzenschutzforschung, Eberswalde).

Amauronematus saarineni LINDQVIST, 1945: Notul. Ent., XXV, p. 166.
Finnland, Lappland. Ähnlich *Am. leucolaenus* (ZADDACH).

Amauronematus schlueteri ENSLIN, 1915: Beih. Deut. Ent. Zeitschr., pp. 405–406.
Finnland, Lappland, Halbinsel Kola.
Synonyme: *Am. lundbohmi* MALAISE, *squamosus* LINDQVIST, *uliginosus* MALAISE.
Gleicht *vittatus* (LEPELETIER), *variator* (RUTHE), *fallax* (LEPELETIER).

Amauronematus sempersolus KIAER, 1898: Tromsø Mus. Årsh., Vol. 19, p. 41.
Scandinav. bor. Nach HELLÉN ist Synonym: *pristiphorinus* MALAISE. Nach LINDQVIST ist das Typenmaterial (Tromsø-Museum, Norwegen) nicht zu deuten, da dieses aus verschiedenen Arten besteht.

Amauronematus sjoeblomi MALAISE, 1931: Ark. Zool., 23A (8).
Kamtschatka. Synonym: *Am. variabilis* v. *sjoeblomi* MALAISE, *tridentatus* MALAISE.
Gleicht *Am. variator* (RUTHE).

Amauronematus speciosus HELLÉN, 1951: Notul. Ent., 31, p. 106.
Lappland, Norwegen, Finnland. Ähnlich *Am. pravus* KONOW.

Amauronematus (Pontoprista) suavis (RUTHE), 1859: Ent. Zeitschr. Stettin, Vol. 20, p. 308.
Wurde als *Nematus* beschrieben. Island, Schweden, Lappland.

Amauronematus temporalis HELLÉN, 1970: Notul. Ent., I, p. 34.
Finnland. Ähnlich *Am. nitidipleuris* MALAISE.

Amauronematus tenuiserra LINDQVIST, 1944: Notul. Ent., XXIV, pp. 21–22.
Finnland, UdSSR: Flumen Svir. Gleicht *Am. semilacteus* (ZADDACH).

Amauronematus tillbergi MALAISE, 1920: Ent. Tidskr., pp. 125–126.
Synonym: *variabilis* var. *hedstroemi* MALAISE und *variabilis* var. *sjoeblomi* MALAISE.
Lappland, Ostasien, Alaska.

Amauronematus torneensis MALAISE, 1920: Ent. Tidskr., pp. 123–124.
Lappland, Finnland. Ähnlich *Am. pravus* KONOW.

Amauronematus trigonicus KONOW, 1897, nom. nov.: Wien. Ent. Zeitschr., Vol. 16, p. 179,
= *Am. longicornis* KONOW.
Sibirien.

Amauronematus tristis LINDQVIST, 1959: Notul. Ent., XXXIX, pp. 9–10.
Circumpolar. Gleicht *Am. sempersolus* KIAER. Von HELLÉN (1970) als *Am. sempersolus* synonymisiert, von LINDQVIST resynonymisiert.

Amauronematus (Nematus) variator (RUTHE), 1859: Ent. Zeitschr. Stettin, Vol. 20, p. 308.
Island, Kamtschatka. Nach LINDQVIST ist Synonym: *pacificus* MALAISE, *obscurus* LINDQVIST. 1 Syntypus von *variator* befindet sich im Institut für Pflanzenschutzforschung, Eberswalde.

Amauronematus viduatinus MALAISE, 1931: Arkiv. Zool., 23A (8), p. 41.
Kamtschatka. Gehört nicht zur *viduatus*-Gruppe, sondern zur Gruppe *reticulatus* HOLMGREN.

Am. viduatinus var. *apiciserra* MALAISE synonymisierte LINDQVIST (1940) als *sagmarius* var. *apiciserra* MALAISE; BENSON synonymisierte *viduatinus* als *sagmarius*, aber von HELLÉN resynonymisiert.

Amauronematus viduatoides LINDQVIST, 1959: Notul. Ent., XXXIX, p. 127.
Finnland. Gleicht *Am. viduatus* (ZETTERSTEDT).

Amauronematus (Nematus) villosus (THOMSON), 1862: Öfvers. Svensk. Vet. Ak. Förh., Vol. 19, p. 629.
Skandinavien.

Amauronematus zaitzevi ENSLIN, 1919: Mém. Acad. Sci. Russ., 28, no. 14.
Ural nördlich des Polarkreises.

Bestimmungstabelle
der mitteleuropäischen Arten der Gattung *Amauronematus*

♀♀

1	Stigma des Vorderflügels hell.	13
—	Stigma des Vorderflügels braun bis schwarzbraun.	2
2 (1)	Nicht unter 4,5 mm lang.	3
—	Maximale Länge 3 mm.	**microphyes**
3 (2)	Mesopleuren mehr oder weniger glänzend.	5
—	Mesopleuren dicht skulptiert, matt.	4
4 (3)	Cerci reichen bis über die Mitte der Sägescheide.	**amplus**
—	Cerci reichen über die Spitze der Sägescheide.	**taeniatus**
5 (3)	Tegulae weiß bis gelb.	7
—	Tegulae rötlich bis bräunlich.	6
6 (5)	Sägevalve wie Fig. 89.	**polaris**
—	Sägevalve wie Fig. 14.	**histrio**

7 (5) Kopf hinter den Augen deutlich verengt. 10
— Kopf hinter den Augen parallel. 8

8 (7) Sägescheide von oben höchstens so breit wie 2,5× die Cerci-Breite. 9
— Sägescheide von oben so breit wie 4× die Cerci-Breite. **varians**

9 (8) Sägevalve wie Fig. 1. **miltonotus**
— Sägevalve wie Fig. 24. **distinguendus**

10 (7) Vorderwulst des Frontalfeldes in der Mitte eingekerbt. 11
— Vorderwulst des Frontalfeldes in der Mitte ohne Einkerbung. **tunicatus** und **semilacteus**

11 (9) Oberkopf ziemlich runzlig punktiert, weniger glänzend 12
— Oberkopf fein punktiert, glänzend. **sollemnis**

12 (11) Sägevalve wie Fig. 6. **semilacteus**
— Sägevalve wie Fig. 16. **aeger**

13 (1) Tegulae weißlich oder rotgelb bis bräunlich. 16
— Tegulae schwarz. 14

14 (13) Minimalgröße 5 mm. 15
— Größe 3,5–4 mm. **boreoalpina**

15 (14) Stigma im Vorderflügel gelblich mit bräunlichem Rand. **opacipleuris**
— Stigma im Vorderflügel gelb. **mundus** und **godmani**

16 (13) Vorderwulst des Frontalfeldes in der Mitte meistens mehr oder weniger eingekerbt. 21
— Vorderwulst des Frontalfeldes in der Mitte meist nicht eingekerbt. 17

17 (16) Sägescheide von oben höchstens so breit wie reichlich 2 Cerci. 19
— Sägescheide von oben so breit wie Schmalseite der Hinterschienenspitze. **fasciatus**

19 (17) Supraantennalgrube tief. 20
— Supraantennalgrube klein. **longiserra**

20 (19) Sägevalve wie Fig. 14. **fallax**
— Sägevalve wie Fig. 9. **humeralis**

21 (16) Unterseite des Abdomen mehr oder weniger schwarz. 32
— Unterseite des Abdomen meist ganz hell. 22

22 (19) Postocellarfeld höchstens 3mal so breit wie lang. 23
— Postocellarfeld 4mal so breit wie lang. **lateralis**

23 (22) Tegulae rötlichbraun, rötlichgelb oder gelbbraun. 25
— Tegulae weißlich bis gelb. 24

24 (23) Sägevalve wie Fig. 13. **vittatus**
— Sägevalve wie Fig. 1. **miltonotus**

25 (23) Oberseite des Abdomen außer den Apikalsegmenten schwarz. 29
— Oberseite des Abdomen entweder hell, oder mit schwarzen Mittelflecken, oder mit schwarzem Propodeum, oder Oberseite mit hellen Segmenträndern. 26

26 (25)	Enddorn der Hinterschiene ungefähr so lang wie Spitzenbreite der Hinterschiene.	28
—	Enddorn der Hinterschiene fast, oder so lang wie $^1/_3$–$^1/_2$ der Länge des Basitarsus.	27
27 (26)	Schildchen 1,4mal so breit wie lang.	**puniceus**
—	Schildchen 1,2mal so breit wie lang.	**fahraei**
28 (26)	Schildchen matt.	**longiserra**
—	Schildchen glänzend.	**fallax**
29 (25)	Postocellarfeld 3–5mal so breit wie lang.	31
—	Postocellarfeld ca. doppelt so breit wie lang.	30
30 (29)	Sägescheide von oben so breit wie 2 Cerci.	**sagmarius**
—	Sägescheide so breit wie ein Cercus.	**viduatus**
31 (29)	Postocellarfeld 3mal so breit wie lang.	**arcticola**
—	Postocellarfeld 4–5mal so breit wie lang.	**amentorum**
32 (21)	Kopf mehr oder weniger schwarz.	33
—	Kopf außer Frontal-Ocellarfeld gelbbraun.	**pravus**
33 (32)	Stigma des Vorderflügels einfarbig.	34
—	Stigma des Vorderflügels mit dunklem Rand.	**viduatus**
34 (33)	Oberkopf grob skulptiert.	**nimbus**
—	Oberkopf mit feiner Skulptur.	**leucolaenus**

♂♂

1	Stigma des Vorderflügels braun bis schwarzbraun.	20
—	Stigma des Vorderflügels weißlich bis hellbraun.	2
2 (1)	Kopf hinter den Augen verengt.	4
—	Kopf hinter den Augen nicht verengt.	3
3 (2)	Wangenanhang länger als das 1. Fühlerglied.	**fahraei** und **pravus**
—	Wangenanhang nicht länger als 1. Fühlerglied.	**varians**
4 (2)	Postocellarfeld höchstens 3mal so breit wie lang.	7
—	Postocellarfeld mehr als 3mal so breit wie lang.	5
5 (4)	Mindestens 5,5 mm lang.	6
—	Maximale Länge 5,5 mm.	**amentorum**
6 (5)	Vorderwulst des Frontalfeldes in der Mitte mehr oder weniger eingekerbt.	**leucolaenus**
—	Vorderwulst des Frontalfeldes in der Mitte nicht eingekerbt.	**humeralis**
7 (4)	Vorderwulst des Frontalfeldes deutlich.	8
—	Vorderwulst des Frontalfeldes fast fehlend.	**opacipleuris**
8 (7)	Unterseite des Abdomen hell.	9
—	Unterseite des Abdomen hell und z. T. schwarz oder ganz schwarz.	10
9 (8)	Länge 6–7 mm.	**fasciatus**
—	Länge 4,5–5 mm.	**arcticola**

10	(8)	Stigma des Vorderflügels hellbraun.	13
—		Stigma des Vorderflügels hellgelb.	11
11	(10)	Vorderwulst des Frontalfeldes mindestens eingekerbt.	12
—		Vorderwulst des Frontalfeldes nicht eingekerbt.	**fasciatus**
12	(11)	Penisvalve wie Fig. 72.	**arcticola**
—		Penisvalve wie Fig. 50, 51	**leucolaenus**
13	(10)	Tegulae hell.	14
—		Tegulae schwarz.	19
14	(13)	Unterseite des Abdomen z. T. schwarz.	16
—		Unterseite des Abdomen ganz schwarz.	15
15	(14)	Postocellarfeld weniger als 2mal so breit wie lang.	**sagmarius**
—		Postocellarfeld 3mal so breit wie lang.	**varians**
16	(14)	Schildchen dicht skulptiert, matt.	17
—		Schildchen mehr oder weniger punktiert, glänzend.	18
17	(16)	Penisvalve wie Fig. 53.	**puniceus**
—		Penisvalve wie Fig. 58.	**longiserra**
18	(16)	Unterseite des Thorax mit hellem Nahtstreifen.	**fasciatus**
—		Unterseite des Thorax schwarz.	**miltonotus**
19	(13)	Länge 5–6,5 mm.	**mundus**
—		Länge 7–8 mm.	**fallax**
20	(1)	Mindestens 4,5 mm lang.	21
—		Maximal 3 mm lang.	**microphyes**
21	(20)	Stigma des Vorderflügels braun bis dunkelbraun.	24
—		Stigma des Vorderflügels hellbraun.	22
22	(21)	Tegulae hell.	siehe 12
—		Tegulae mehr oder weniger schwarz.	23
23	(22)	Wangenanhang nicht länger als das 1. Fühlerglied.	**varians**
—		Wangenanhang so lang wie Fühlersockel-Zwischenraum.	**fallax**
24	(21)	Postocellarfeld höchstens 3mal so breit wie lang.	25
—		Postocellarfeld 4mal so breit wie lang.	**lateralis**
25	(24)	Kopf hinter den Augen verengt.	26
—		Kopf hinter den Augen parallel.	**distinguendus** und **puniceus**
26	(25)	Thoraxoberseite fein punktiert, glänzend.	31
—		Thoraxoberseite dicht punktiert, matt.	27
27	(26)	Stigma des Vorderflügels dunkelbraun.	28
—		Stigma des Vorderflügels braun mit aufgehellter Mitte.	**nimbus**
28	(27)	Wenigstens Hinterränder der Tergite hell.	29
—		Tergite ganz schwarz.	**vittatus**
29	(28)	Hinterränder der Tergite mehr oder weniger hell.	30
—		Tergite hell mit schwarzen Flecken.	**tunicatus**

30	(29)	Genitalplatte bräunlich.	**taeniatus**
—		Genitalplatte schwarz.	**amplus**
31	(26)	Postocellarfeld 3mal so breit wie lang.	33
—		Postocellarfeld bis 2,5mal so breit wie lang.	32
32	(31)	Oberlippe und Clypeus schwärzlich.	**aeger**
—		Oberlippe und Clypeus hell.	**histrio**
33	(31)	Unterseite des Abdomen nur in der Mitte mehr oder weniger hell.	34
—		Unterseite des Abdomen hell.	**semilacteus**
34	(33)	Fortsatz des 8. Tergit quadratisch.	**viduatus**
—		Fortsatz des 8. Tergit wenig überragend.	**sollemnis**

Amauronematus aeger KONOW

Amauronematus aeger KONOW, 1895: Term. Füzet., Vol. 18, p. 181.
Amauronematus dalecarlicus MALAISE ist nach LINDQVIST (1962 und 1973) synonym; nach HELLÉN (1970) ist *Am. dalecarlicus* eine valide Art.

♀ (Typus):

Schwarz. Gelblichweiß sind: Oberlippe, Clypeus, Hinterecken des Pronotum, Tegulae, vom 3. Tergit ab Hinterränder der Tergite, Unterseite des Abdomen; bräunlich sind: Wangenanhang, äußere Orbiten mit Scheitelfleck an der oberen Augenecke. Beine gelblich; schwarz sind Basis der Hüften und Schenkel.

K o p f : Clypeus zu 1 Drittel tief ausgerandet, mit breit abgerundeten Seitenecken; Wangenanhang wenig breiter als der Fühlersockel-Zwischenraum; Supraantennalgrube nicht tief, nach dem Vorderwulst des Frontalfeldes leicht einkerbend; Frontalfeld ziemlich flach, an der Seite sehr schwach begrenzt; Postocellarfeld ca. 3mal so breit wie lang und so lang wie der Durchmesser von 2 Postocellen; Fühler so lang wie das Abdomen, 3. Glied nur wenig kürzer als das 4. Glied; Kopf hinter den Augen schwach verengt, von vorn wenig breiter als hoch (10:9); Oberkopf fein, ziemlich gleichmäßig gerunzelt, ohne eigentliche Punktierung, schwach glänzend. POL:OOL = 1,8:1,8; Wangenanhang = 1,0.

T h o r a x : Praescutum mit tiefer und glatter Mittelrinne, die bis über die Mitte reicht, gleichmäßige und längsgerunzelte Punktierung; Mesoscutum mit flacher, mehr verstreuter Punktierung, glänzend; Schildchen glatt und glänzend; Schildchenanhang in der Mitte gekielt, seitlich davon mit tiefen Punktgruben; Schildchen mit Schildchenanhang wenig breiter als lang (5:4); Mesopleuren fein punktiert, ziemlich deutlich glänzend.

A b d o m e n : Oberseite quer rastriert; Sägescheide nur so lang wie Mittelschenkel mit Trochanteren, von oben so breit wie die Breitseite der Hinterschienenspitze; Cerci schlank, bis weit über die Spitze der Sägescheide reichend (Fig. 30); Sägevalve (Typus) siehe Fig. 16.

Enddorne der Hinterschiene gleichlang, etwas länger als 1 Drittel des Basitarsus.
Flügel klar; im Vorderflügel Stigma braun, Costa aufgehellt.

Länge: 8 mm.

Nach LINDQVIST (1961, Notul. Ent., XLI, p. 14) sind die finnischen Vertreter dieser Art dunkler gefärbt: das ♀ hat größtenteils eine schwarze Unterseite des Abdomen und auch die Hinterschenkel sind fast ganz schwarz.

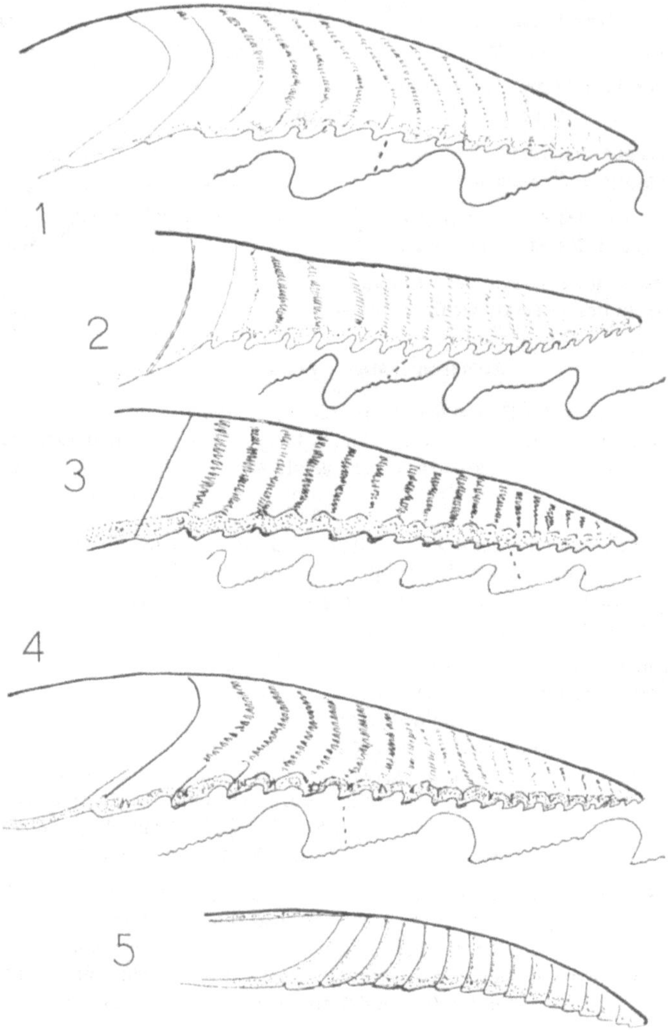

Fig. 1–5.
1: *A. miltonotus*, Sägevalve – 2: *A. tunicatus*, Sägevalve – 3: *A. fasciatus*, Sägevalve – 4: *A. sagmarius*, Sägevalve (Typus) – 5: *A. amentorum*, Sägevalve.

Das ♂ (Allotypus) gleicht nach LINDQVIST dem ♀, unterscheidet sich aber wie folgt: Oberlippe und Clypeus schwärzlich, Wangenanhang wenig bräunlich, Hinterecken des Pronotum schmal hellbraun gerandet, Tegulae schwarz, Vorderknie hellbraun, Mittel- und Hinterschenkel schwarz; Fühler so lang wie Abdomen und halber Thorax zusammen; Fortsatz des 8. Tergit kürzer als breit und abgestutzt. Penisvalve siehe Fig. 67.

Länge: 5,5 mm.

Larve an Betula vorkommend.

Verbreitet in Mitteleuropa und Finnland.

Typus: 1 ♀, Inst. f. Pflanzenschutzforschung, Eberswalde („Thuringia").

Amauronematus (Pontoprista) amentorum (FÖRSTER)

Nematus amentorum FÖRSTER, 1854: Verh. Nat. Ver. Rheinl., Vol. 11, p. 332.
Pontoprista kamtschatica MALAISE, 1931.

Schwarz. Gelblichweiß sind: Vorderkopf unterhalb der Fühlerbasis, meist hintere Orbiten, Hinterecken des Pronotum, Tegulae, mehr oder weniger die Unterseite des Abdomen und die Beine; Mesosternum und Mesopleuren manchmal mehr oder weniger hellbräunlich.

Kopf: Clypeus in der Mitte meist mit rundlichem Ausschnitt, der jedoch auch ganz abgeflacht sein kann; Wangenanhang so breit wie der Fühlersockel-Zwischenraum; Supraantennalgrube nach oben in eine Furche verlängert und zumeist den Vorderwulst des Frontalfeldes leicht einkerbend; Frontalfeld und Supraantennalfeld erhöht und an den Seiten winklig abfallend; Postocellarfeld etwas tiefer liegend als das Frontalfeld, nicht länger als der Durchmesser eines Postocellus und ca. 4–5mal so breit wie lang; Fühler knapp so lang wie im Vorderflügel die Costa, beim ♂ länger, 3. Glied kürzer als das 4. Glied; Kopf von vorn maximal fast so hoch wie breit, hinter den Augen verengt.

Thorax: Mesonotum fettglänzend, dicht lederartig skulptiert; Schildchen glänzend, mit verstreuter feiner Punktierung, Schildchenanhang in gleicher Höhe liegend und in der Mitte meist vom Schildchen nicht durch eine Furche getrennt; Schildchen mit Schildchenanhang länger als breit (4:3); Mesopleuren glänzend, mit feiner Punktierung.

Abdomen: Oberseite meist dicht lederartig skulptiert, halbmatt; Sägescheide von der Seite gesehen aufwärts stehend, so lang wie der Hinterschenkel ohne Trochanteren; Sägescheide (Fig. 43 und 44) von oben gesehen nach der Spitze verbreitert, ungefähr so breit wie die Spitze der Hinterschiene, Hinterrand ausgerandet; Cerci dünn, die Spitze der Sägescheide wenig überragend oder so lang wie diese. Sägevalve siehe Fig. 5.

Enddorne der Hinterschiene ungleich, innerer Dorn wenig länger als die Spitzenbreite der Hinterschiene.

Flügel klar; im Vorderflügel Costa und Stigma hellgelb, letzteres mit brauner Umrandung.

Länge: 4–5 mm.

Larve in Weidenkätzchen von Salix repens u. a.

Nord- und Mitteleuropa, Sibirien, Nordamerika.

In der KONOW-Sammlung (Inst. f. Pflanzenschutzforschung, Eberswalde) befindet sich ein von KONOW als *suavis* (RUTHE) determiniertes ♂, dem leider der Kopf fehlt; das vorliegende Tier gleicht *amentorum*; das Schildchen ist stark glänzend, wenig länger als breit (3:2,5); der Fortsatz des 8. Tergit ist sehr schmal, kielförmig und wenig vorragend (Fig. 80); das Hypopygium ist an der Spitze tief, bis über die Mitte ausgeschnitten, die Seiten desselben sind an der Spitze breit, fast blasenförmig abgerundet. Die Penisvalve gleicht jener von *Amauronematus (Pontoprista) dahlbomi* THOMSON, die LINDQVIST (1961: Notul. Ent., XII, p. 74) abbildete; allerdings fehlen bei der vorliegenden *amentorum*-

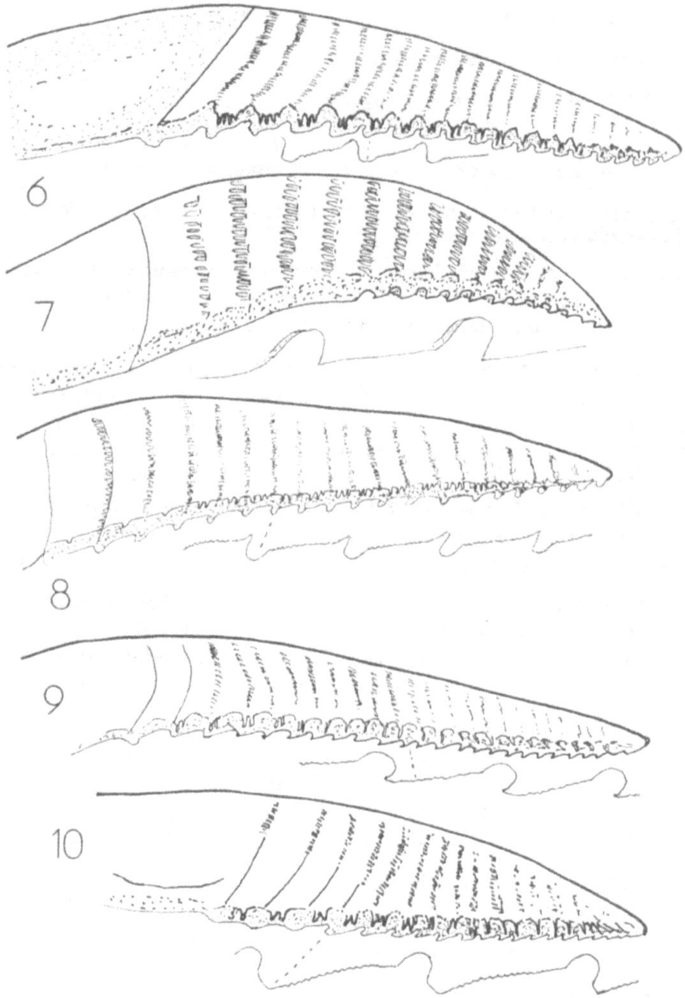

Fig. 6–10.
6: *A. semilacteus*, Sägevalve – 7: *A. leucolaenus*, Sägevalve – 8: *A. longiserra*, Sägevalve – 9: *A. humeralis*, Sägevalve – 10: *A. fahraei*, Sägevalve.

Valve die auf der vorderen Ventralseite bei *dahlbomi* (THOMSON) vorhandenen Dörnchen.

Nach LINDQVIST ist das Stigma des Vorderflügels bei *dahlbomi* hell. Bei dem vorliegenden Fragment fehlen jedoch die Vorderflügel.

Bisher ist das ♂ von *amentorum* noch nicht bekannt geworden und deshalb ist die von mir abgebildete Penisvalve nicht sicher, aber anzunehmen (Fig. 55).

Amauronematus amplus KONOW

Amauronematus amplus KONOW, 1895: Term. Füzet., Vol. 18, p. 184.

Schwarz. Weißlich sind: Oberlippe, Clypeus außer Hinterrand, Hinterecken des Pronotum, beim ♀ Rand der Tegulae, Hinterränder der Tergite und Sternite des Abdomen; rötlich sind: hintere Orbiten, meist die Seiten des Praescutum. Beine schwarz. Knie und Schienen mehr oder weniger weißlich; beim ♂ Trochanteren und Tarsen ausgedehnt weißlich.

Kopf: Clypeus meist zu einem Drittel tief und rundlich ausgeschnitten; Wangenanhang mindestens so breit wie Fühlersockel-Zwischenraum; Supraantennalgrube nach hinten in eine Furche verlängert und nach dem flacher liegenden Frontalfeld meist eingekerbt; Frontalfeld undeutlich begrenzt, höchstens an den Seiten durch feine Kiele etwas begrenzt; Postocellarfeld 2,5mal so breit wie lang und an der Seite so lang wie der Durchmesser eines Postocellus; Fühler beim ♀ so lang wie im Vorderflügel die Costa, beim ♂ so lang wie Costa und Stigma zusammen, 3. und 4. Fühlerglied gleichlang oder das 3. Glied wenig kürzer. Kopfbreite von vorn variabel (Lectotypus, ♀), viel breiter als hoch (10:7); durchschnittlich beim ♀ jedoch so hoch wie breit; beim ♂ etwas breiter als hoch (8:7). Kopf hinter den Augen verengt, Oberkopf fein lederartig skulptiert, wenig glänzend; POL:OOL = 2,0:2,0; Wangenanhang = 1,0.

Thorax: Dicht lederartig skulptiert; Schildchen ziemlich glatt, fein punktiert, glänzend; Schildchenanhang tiefer liegend, durch eine Querfurche getrennt; Schildchen ohne Schildchenanhang breiter als lang (♀ 5:4, ♂ 4,5:4); Mesopleuren mit dichter und feiner lederartiger Struktur, dicht behaart.

Abdomen: Fein lederartig querskulptiert; Sägescheide (Fig. 27) so lang wie die Hinterschenkel ohne Trochanteren, von oben schmal zur Spitze verjüngt, so breit wie 2 Cerci; die Cerci reichen bis über die Mitte der Sägescheide, aber nicht bis zur Spitze. Sägevalve (Lectotypus) siehe Fig. 21; Penisvalve siehe Fig. 64; Fortsatz des 8. Tergit vom ♂ siehe Fig. 82.

Enddorne der Hinterschiene etwas ungleich in der Länge und wenig länger als die Spitzenbreite der Hinterschiene.

Flügel klar, im Vorderflügel Costa und Stigma dunkelbraun.

Länge: 7–8 mm.

Larve an Betula.

Nord- und Mitteleuropa, Sibirien.

Der Lectotypus (1 ♀) wurde hiermit festgelegt (Inst. f. Pflanzenschutzforschung, Eberswalde) (Fürstenberg i. Mecklb., KONOW, 22. 4. 1891); ebenso 1 Paralectotypus (Inst. f. Pflanzenschutzforschung, Eberswalde) („Liguria").

Amauronematus arcticola (DALLA TORRE)

Nematus arcticola DALLA TORRE, 1894: Catal. Hymenopt. Tenthredinidae, Vol. I, p. 207. *Nematus arcticus* THOMSON, 1871; *Amauronematus pustulatus* LINDQVIST, 1973; *mcluckieri* BENSON, 1935.

Schwarz. Gelblich sind: Oberlippe und Clypeus; orange sind: Wangenanhang, äußere Orbiten mit oberen Schläfenfleck, oft Interantennalhöcker, Hinterecken des Pronotum, Tegulae, manchmal Ränder des Praescutum, Unterseite des Abdomen; Mesopleuren oft mit rötlichem Fleck.

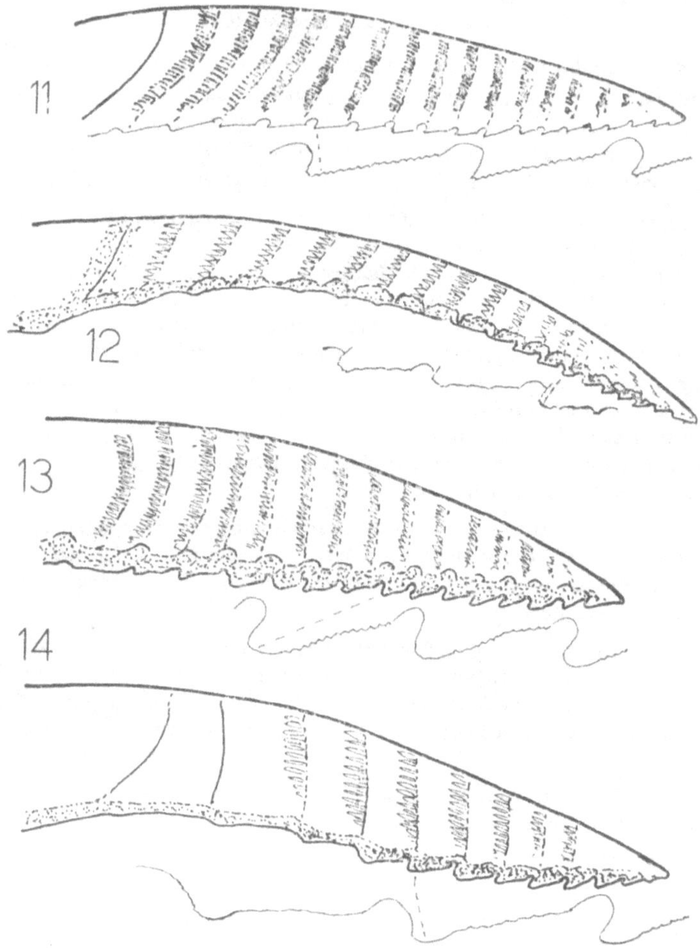

Fig. 11–14.
11: *A. puniceus*, Sägevalve – 12: *A. viduatus*, Sägevalve – 13: *A. vittatus*, Sägevalve – 14: *A. histrio* und *A. fallax*, Sägevalve.

Beine gelb; schwarz sind: Basis der Hüften, mitunter Basis der Schenkel, mehr oder weniger die Hintertarsen.

Kopf, Thorax und Abdomen mit lederartiger Skulptur; Wangenanhang breiter als das 1. Fühlerglied; Frontalfeld schwach begrenzt, mit der Supraantennalgrube durch eine Furche verbunden; Fühler kurz, 3. Glied wenig kürzer als das 4. Glied; Postocellarfeld ca. 3mal so breit wie lang und ungefähr so lang wie der Durchmesser einer Postocelle; Kopf hinter den Augen verengt; Schildchen gewölbt; Sägescheide (Fig. 36) von oben ca. 3mal so breit wie ein Cercus, zur Spitze verschmälert; beim ♂ Fortsatz des 8. Tergit parallelseitig, oben glatt. Mittelzähne der Sägevalve siehe Fig. 25; Penisvalve siehe Fig. 72. Flügel klar, Costa und Stigma hellgelb.

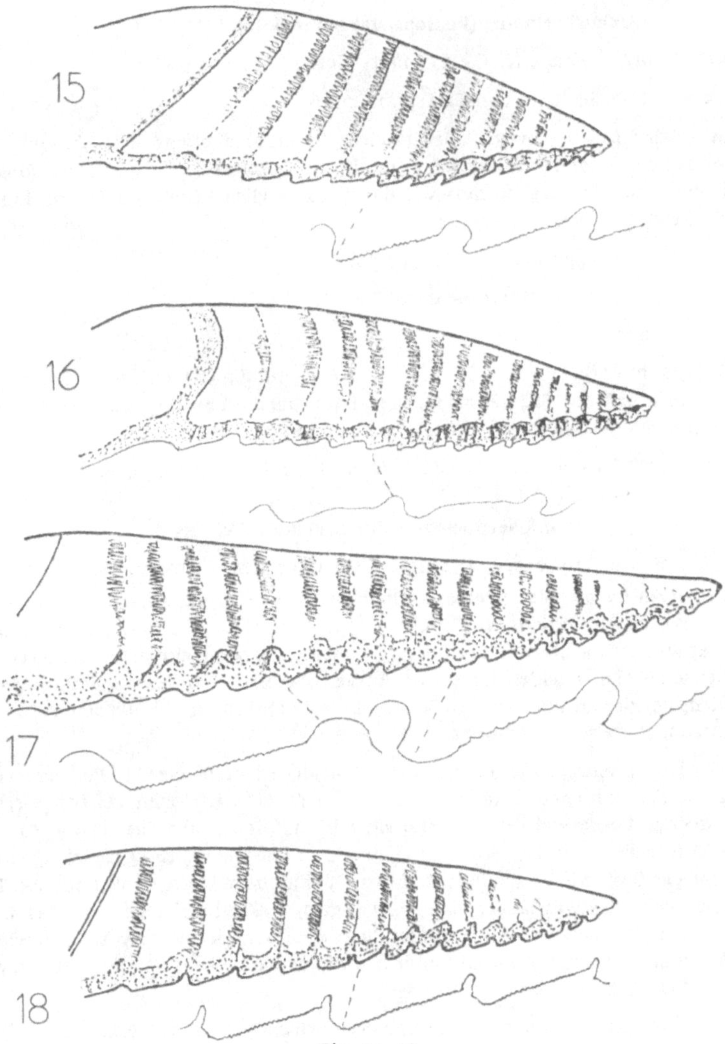

Fig. 15–18.
15: *A. opacipleuris*, Sägevalve (Cotypus) – 16: *A. aeger*, Sägevalve (Typus) – 17: *A. taeniatus*, Sägevalve – 18: *A. pravus*, Sägevalve (Typus).

Länge: 4,5–5,5 mm.

Montane Art, von BENSON aus dem Grampion-Gebirge in England erwähnt. Nordeuropa, Sibirien, Alaska. Biologie unbekannt.

LINDQVIST hält *arcticola* und *mcluckieri* für verschiedene, valide Arten, und zwar auf Grund kleiner Differenzen der Säge- und Penisvalven. Da jedoch BENSON *mcluckieri* selbst synonymisierte, möchte ich unter Vorbehalt die Einziehung anerkennen.

Amauronematus (Pontoprista) boreoalpina LINDQVIST (♀)

Pontoprista boreoalpina LINDQVIST, 1961: Notul. Ent., XII, p. 77.

Schwarz, nur Knie, Schienen und Tarsen bräunlich.

Clypeus in der Mitte schwach ausgerandet; Frontalfeld etwas länglich und vertieft, schwach begrenzt; unterer Wulst des Frontalfeldes leicht höckerartig; Fühler so lang wie das Abdomen, 3. Glied fast so lang wie das 4. Fühlerglied; Kopf und Thorax fein punktiert, glänzend; Schildchen länger als breit.

Stigma des Vorderflügels hell, z. T. leicht gelblich.

Valve des ♀ meist mit 15 Querstriemen.

Länge: 3,4–4 mm.

Diese Art gleicht nach LINDQVIST *latiserra* MALAISE (Fig. 22), unterscheidet sich jedoch durch deutlich gröbere Sägezähnelung der Basalzahnansätze (Fig. 23) sowie durch die 15 Querstriemen der Valve. Sägescheide siehe Fig. 90.

Bekannt aus der Schweiz, aus der ČSSR: Hohe Tatra und aus Lappland.

Amauronematus distinguendus ENSLIN

Amauronematus distinguendus ENSLIN, 1915: Deut. Ent. Zeitschr., 1915, Beih., p. 381.

Schwarz; weißlich sind: Mandibelbasis, Oberlippe, Clypeus, Wangenanhang, hintere Orbiten, Hinterecken des Pronotum, Tegulae, Hypopygium, Basis der Sägescheide, seltener mehr oder weniger die Sternite des Abdomen, mehr oder weniger die Trochanteren, Spitze der Schenkel, Schienen außer der Spitze. An der oberen Augenecke ein bräunlicher Fleck neben dem Postocellarfeld; beim ♂ Genitalplatte bräunlich; an den Beinen Vordertarsen dunkelbraun, Hintertarsen schwarz.

K o p f : Clypeus flach ausgerandet; Wangenanhang so breit wie der Fühlersockel-Zwischenraum; Supraantennalgrube rund, relativ tief, mit nach oben laufender schmaler Furche, die den Vorderwulst des Frontalfeldes bis auf den Grund unterbricht, so daß der Wulst in 2 Höcker geteilt ist; Frontalfeld an den Seiten undeutlich begrenzt; Postocellarfeld doppelt so breit wie lang, mit Mittelfurche; Fühler beim ♀ länger als Kopf und Thorax zusammen, beim ♂ etwas länger als das Abdomen, 3. Glied viel kürzer als das 4. Glied, beim ♂ 2 Drittel so lang wie das 4. Fühlerglied; Kopf beim ♀ von vorn so hoch wie breit, beim ♂ breiter als hoch (9:7); Kopf hinter den Augen parallel, Oberkopf dicht und runzlig punktiert. POL:OOL = 1,6:2.

T h o r a x : Mesonotum deutlich, Mesopleuren schwach punktiert und glänzend; Sägescheide breit, ca. 3mal so breit wie ein Cercus, am Ende abgestutzt; Spitze der Sägevalve siehe Fig. 24; beim ♂ Fortsatz des 8. Tergit breiter als lang, ungefähr so breit wie die Mitte der Hinterschiene, Hinterrand abgestutzt. Penisvalve siehe Fig. 70.

Sporen der Hinterschiene beim ♀ nicht, beim ♂ wenig länger als die Spitzenbreite derselben.

Geäder und Teile des Vorderflügels braunschwarz.

Länge: ♀ 8 mm, ♂ 6,5 mm.

Larve an Salix.

Mitteleuropäische Art.

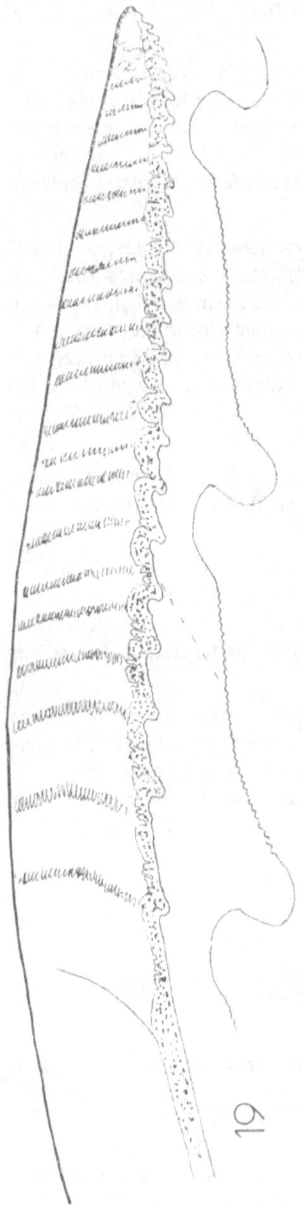

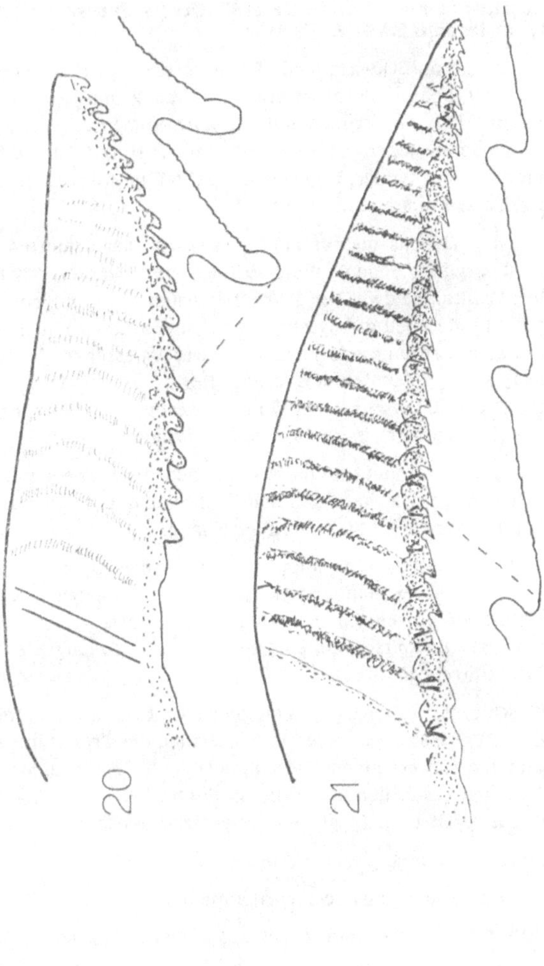

Fig. 19–21.
19: *A. mundus*, Sägevalve – 20: *A. lateralis*, Sägevalve – 21: *A. amplus*, Sägevalve (Typus).

Amauronematus fahraei (THOMSON)

Nematus fahraei THOMSON, 1862: Öfvers. Svensk. Vet. Ak. Förh., Vol. 19, p. 637; *Nematus melanodus* ZADDACH, 1883.

♀: Orangerot. Schwarz sind: Fühlerfurche und hinterer Rand des Fühlersockels, 1. und 2. Fühlerglied, Fühleroberseite, Umrandung der Ocellen, Occipitalfleck, Mitte des Metanotum, Mitte des Propodeum, oft auch Mitte des 2. und 3. Tergit. Fühlerunterseite und mehr oder weniger die Spitze der Fühler sind braun; etwas aufgehellt sind Vorderkopf unterhalb der Fühler, Schienen der Mittel- und Vorderbeine; äußerste Spitze der Schienen und Tarsen meist verdunkelt.

Kopf: Clypeus bis zur Hälfte rundlich ausgeschnitten; Wangenanhang länger als das 1. Fühlerglied; Augen 1,9mal so lang wie breit; Supraantennalgrube lang und tief, nach dem Frontalfeld zwischen 2 Erhöhungen eingekerbt. Frontalfeld flach, durch einen flachen Wulst an den Seiten begrenzt, vor dem Frontalocellus mit einem Grübchen; Postocellarfeld knapp so lang wie 2,5mal der Durchmesser einer Postocelle und 3mal so breit wie lang; Kopf hinter den Augen erweitert, matt mit feiner Punktierung, hell und kurz behaart; POL:OOL = 1,5:2,0; Wangenanhang = 1,0. Fühler so lang wie die Costa im Vorderflügel ohne Stigma, 3. und 4. Glied gleichlang.

Thorax: Mesonotum flach, matt; fein, aber gröber punktiert als auf dem Kopf; Schildchen vorn gekielt, nach den Seiten gleichmäßig abfallend, mit flachen Punktgruben, ohne Schildchenanhang 1,2mal breiter als lang.

Abdomen: Sägescheide (Fig. 37) von oben so breit wie 3 Cerci, die Cerci erreichen die Spitze der Sägescheide; Sägescheide mit Hypopygium kürzer als die Hintertarse (8:11), Hinterschiene wenig länger als die Hintertarse (12:11); innerer Dorn der Hinterschiene länger als die Spitzenbreite derselben, knapp so lang wie der halbe Basitarsus. Stigma des Vorderflügels gelbweiß.

♂: Schwarz; weißlichgelb sind meistens Oberlippe, Clypeus, Wangenanhang, öfters die äußeren Orbiten, der äußerste Hinterrand des Pronotum; an den Beinen Knie und Vorderseite der Vorderschiene. Die Hinterbeine bleiben zumeist ganz schwarz, jedoch gibt es da Varianten mit heller Beinfärbung. Fühler länger als das Abdomen, 3. Fühlerglied kürzer als das 4. Glied; 8. Tergit mit dreieckigem Eindruck, gekielt, aber nicht überragend.

Länge: 6,5–7 mm.

Larve an Ranunculus acer vorkommend.

Verbreitet in Nord- und Mitteleuropa und in Sibirien.

Amauronematus fallax (LEPELETIER)

Nematus fallax LEPELETIER, 1823: Mon. Tenthr., p. 64.
Nematus striatus HARTIG, 1837; *striatipes* HARTIG, 1840; *denudatus* HARTIG, 1840; *melanoleucus* GIMMERTHAL, 1847; *stenogaster* FÖRSTER, 1854; *variator* ZADDACH, 1875; *canaliculatus* HARTIG, 1840; *trifurcatus* KIRBY, 1882; *Amauronematus analis* KONOW, 1897.
Weiterhin nach BENSON und HELLÉN: *Amauronematus nuorbinjargi* SAARINEN, 1949; *glacialis* SAARINEN, 1950; *amicula* SAARINEN, 1950; *subnitens* SAARINEN, 1950; *septentrionalis* SAARINEN, 1950; *festivus* SAARINEN, 1950; *propinquus* SAARINEN, 1950.

In der Färbung sehr variable Art.

♀ meist gelbbraun. Schwarz sind: Fühler, manchmal der Frontal-Postocellarfleck mit Occi-

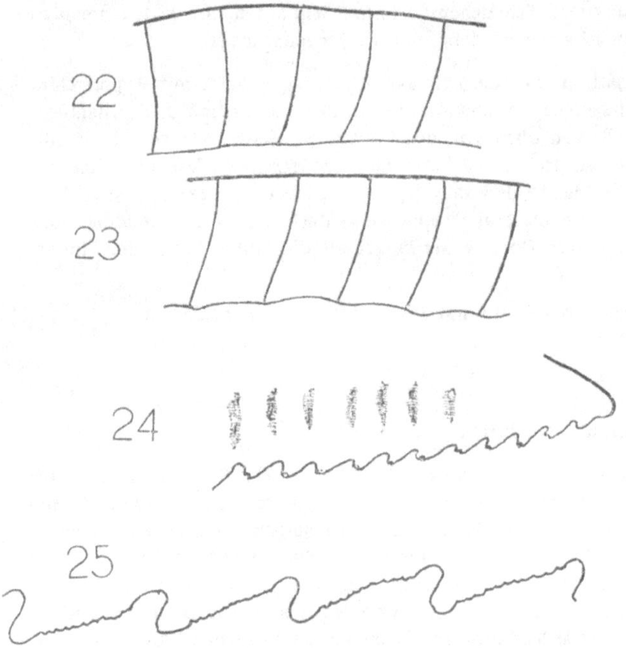

Fig. 22–25
22: *A. latiserra*, Basalstück der Sägevalve (nach LINDQVIST) – 23: *A. boreoalpina*, Basalstück der Sägevalve (nach LINDQVIST) – 24: *A. distinguendus*, Spitze der Sägevalve (nach LINDQVIST) – 25: *A. arcticola*, Mittelzähne der Sägevalve.

pitalfleck, meist die hinteren Orbiten, mehr oder weniger das Mesonotum; oft das Mesosternum und die Oberseite des Abdomen, letztere in der Mitte mindestens mit mehr oder weniger schwarzen Mittelflecken; bei der dunklen Form (*stenogaster*) ist der Körper schwarz, gelblich sind nur: Flächen unterhalb der Fühler, Orbiten, der Hinterrand des Pronotum und mehr oder weniger die umgeschlagenen Platten der Tergite.

♂ schwarz. Gelblich sind nur: Flächen unterhalb der Fühler, Hinterrand des Pronotum; die Oberseite des Abdomen ist selten gelblich, aber mindestens schwarz gefleckt. Die Beine sind gelb, bei den dunklen Formen schwarz gestreift und bei der forma *stenogaster* sind die Mittel- und Hinterbeine ganz schwarz.

Der ganze Körper ist fein lederartig skulptiert.

K o p f : Unterlippe weit vorgestreckt; Kopf von vorn wenig breiter als hoch (4,5:4); Clypeus am Vorderrand ungefähr zu einem Drittel rundlich ausgeschnitten; Wangenanhang so breit wie Fühlersockel-Zwischenraum; Supraantennalgrube tief, nach dem Frontalfeld durch den vorderen Wulst des Frontalfeldes begrenzt oder ganz leicht eingekerbt; Frontalfeld flach und undeutlich begrenzt; Postocellarfeld 2–3mal so breit wie lang und beim ♀ so lang wie der Durchmesser von 2,5, beim ♂ von 1,5–2 Postocellen; Kopf hinter den Augen beim ♀ parallel, beim ♂ verengt; Fühler beim ♀ knapp so lang wie im Vorderflügel die Costa ohne Stigma, beim ♂ wenig länger als Costa und Stigma zusammen, 3. Glied kürzer als das 4. Glied; POL:OOL = 1,8–2,0:1,5; Wangenanhang = 0,7–0,8.

T h o r a x : Praescutum in der Mitte des vorderen Teiles deutlich gefurcht, Mesonotum dicht und fein punktiert; Schildchen glänzend mit flachen Punktgruben, Schildchenanhang außer in der Mitte dicht punktiert; Schildchen flach, mit Schildchenanhang zusammen so lang wie breit; Mesopleuren schwach glänzend, mit dichter lederartiger Struktur.

Abdomen: Oberseite matt, etwas lederartig skulptiert; Sägescheide mit Hypopygium wenig kürzer als die Hinterschiene, so lang wie der Hinterschenkel mit 2. Trochantere; Sägescheide weit vorstehend, von oben von der breiten Basis an spitz zulaufend, mit stumpfer Spitze; Sägescheide so breit wie 2 Cerci, die Cerci erreichen fast die Spitze der Sägescheide; Sägevalve siehe Fig. 14; Fortsatz des 8. Tergit beim ♂ gekielt, fast so lang wie breit (Fig. 76); Hypopygium breit abgerundet und flach abgestutzt. Enddorne der Hinterschiene ungleich, der innere Dorn wenig länger als die Spitzenbreite der Hinterschiene.

Flügel klar; im Vorderflügel beim ♀ Costa und Stigma gelb, beim ♂ hellbraun.

Länge: 7–9 mm.

Larve an Salix.

Mittel- und Nordeuropa, Kaukasus, Sibirien, Nordamerika.

Amauronematus fallax gleicht *Amauronematus histrio* (LEPELETIER), unterscheidet sich aber beim ♀ durch die schwarze bzw. schwarz gefleckte Oberseite des Abdomen und beim ♂ durch die Form der Penisvalve. Höchstwahrscheinlich neigen diese beiden Arten zu Mischpopulationen. LINDQVIST (1972, Notul. Ent., LII, pp. 69–70) hält die schwarze Form *stenogaster* für eine valide Art, und zwar auf Grund der abweichenden Penisvalve des ♂. Mir war es möglich, eine Anzahl recht typischer ♂♂ der Form *stenogaster* zu untersuchen. Ich stellte eine recht interessante Variationsbreite bis zu der typischen Valve von *fallax* fest (Fig. 60, 61, 62). Selbst innerhalb eines Valvenpaares ist öfters eine gewisse Asymmetrie festzustellen.

Amauronematus fasciatus KONOW

Amauronematus fasciatus KONOW, 1897: Wien. Ent. Zeit., Vol. 16, p. 177.
Amauronematus perkinsi BENSON, 1933.

♀ (Typus): Rotgelb. Schwarz sind: Fühler, Frontal-Ocellarfeld, Occipitalfleck, breiter Mittelfleck des Praescutum, breite Längsmakel des Mesoscutum, die über dem Schildchen breit verbunden sind; hinterer Teil des Schildchen, Basaltergite außer den Seiten, folgende Tergite außer Seiten und Hinterränder, Spitze der Sägescheide.

An den Beinen sind die Oberseiten der Hinterschenkel, die Spitzen der Schienen und die Tarsen außer den Vordertarsen gebräunt.

Kopf: Vorderrand des Clypeus schwach ausgeschnitten; Wangenanhang so breit wie der Fühlersockel-Zwischenraum; Supraantennalgrube muldenförmig, Vorderwulst des Frontalfeldes nicht eingekerbt; Frontalfeld deutlich begrenzt, aber an den Seiten nicht durch eine kielförmige Begrenzung; Postocellarfeld gut doppelt so breit wie lang und so lang wie der Durchmesser von reichlich 2 Postocellen; Fühler wenig länger als das Abdomen, 3. Glied wenig kürzer als das 4. Glied; Vorderkopf von vorn breiter als hoch (9:7); Oberkopf mit flacher, etwas runzliger Skulptur, glänzend; Kopf hinter den Augen parallel; POL:OOL = 1,8:1,8; Wangenanhang = 0,9.

Thorax: Mesonotum sehr fein punktiert, etwas glänzend; Schildchen deutlich, aber flach punktiert und fein gerunzelt, glänzend, Scheibe eben; Schildchenanhang mit ver-

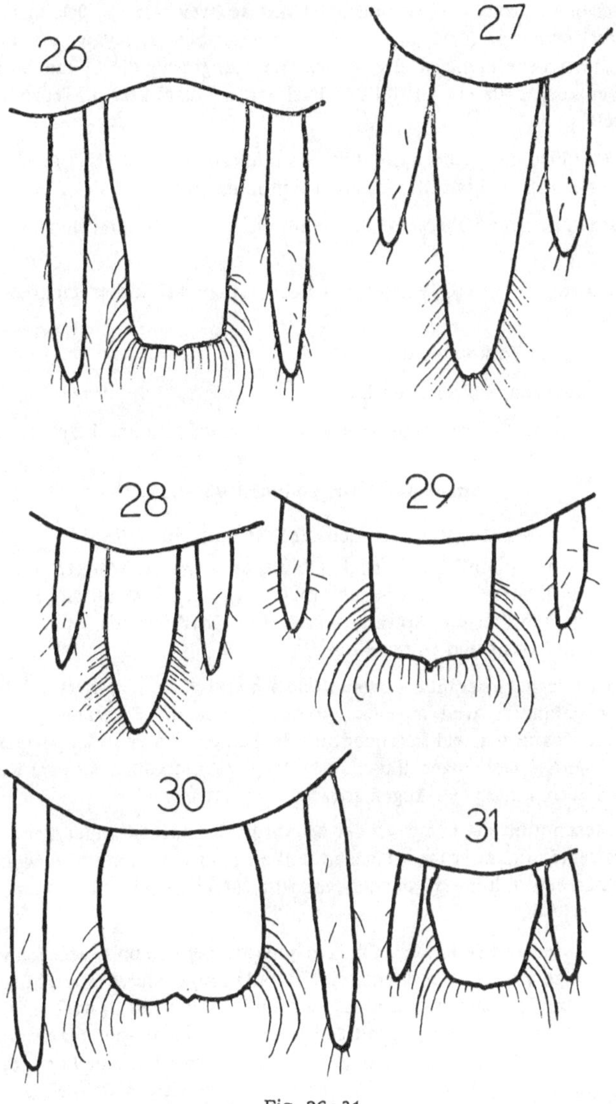

Fig. 26–31.
26: *A. taeniatus*, Sägescheide (Aufsicht) – 27: *A. amplus*, Sägescheide (Aufsicht) – 28: *A. sagmarius*, Sägescheide (Aufsicht) – 29: *A. fasciatus*, Sägescheide (Aufsicht) – 30: *A. aeger*, Sägescheide (Aufsicht) – 31: *A. tunicatus*, Sägescheide (Aufsicht).

streuter Punktierung und fast in gleicher Höhe liegend wie das Schildchen, vom Schildchen durch eine Naht getrennt; Schildchen mit Schildchenanhang so lang wie breit.

Abdomen: Oberseite mit rastrierter Struktur; Sägescheide (Fig. 29) so lang wie die

Hinterschenkel ohne Trochanteren, von oben fast so breit wie die Schmalseite der Hinterschiene, Cerci erreichen nicht ganz die Spitze derselben. Sägevalve siehe Fig. 3. Enddorne der Hinterschiene ungleich, der innere Dorn länger als die Spitzenbreite der Hinterschiene, aber kürzer als ein Drittel des Basitarsus. Flügel klar, im Vorderflügel Costa und Stigma gelb.

♂: Schwarz. Weißlich sind: Oberlippe, Clypeus, äußere Orbiten, Hinterecken des Pronotum, Tegulae, schmaler Nahtstreifen des Mesosternum, Unterseite des Abdomen.

Beine gelb; schwarz sind: Oberseite der Hinterschenkel, Hinterschienenspitze, Hintertarsen.

Kopf hinter den Augen verengt, Fühler von Körperlänge, Schildchen mehr konvex. Penisvalve siehe Fig. 66.

Larve an Salix caprea vorkommend.

Nord- und Mitteleuropa, Sibirien, Alaska.

Typus (1 ♀) im Inst. f. Pflanzenschutzforschung, Eberswalde (ohne Patria!).

Amauronematus godmani BENSON

BENSON, 1955: Ent. Month. Mag., London, Vol. XCI, pp. 104–105.

Schwarz. Gelblich bis bräunlichweiß sind: Oberlippe, Clypeus, Wangen, hintere Orbiten, oberer Augenfleck, Hinterecken des Pronotum, 9. Tergit, die nach unten gebogenen Seitenecken der Tergite, alle Sternite, Spitzen der Hüften, Trochanteren, Spitzen der Schenkel und Schienen (außer Basis und Unterseite).

K o p f : Clypeus flach ausgerandet; Frontalfeld schwach begrenzt, matt mit dichter Skulptur; Ocellen ungefähr so weit auseinanderstehend wie die Entfernung derselben zum Kopfhinterrand; Postocellarfeld fast quadratisch; Fühler beim ♀ so lang wie die Costa des Vorderflügels, beim ♂ viel länger, ungefähr so lang wie der ganze Körper; Kopf von vorn viel breiter als hoch, hinter den Augen schwach verengt.

T h o r a x : Mesonotum matt, mit grober Skulptur; Schildchen außer dem Hinterschildchen mit verstreuter Punktierung, glänzend und zusammen so lang oder wenig länger als breit; Schildchen leicht konvex, oben abgeflacht; Mesopleuren oben matt, nach unten glänzend.

A b d o m e n : Lederartig skulptiert; Sägescheide (Fig. 86) von oben gesehen wenig breiter als die halbe Spitze der Hinterschiene, fast parallelseitig, Spitze abgestutzt mit kleiner vortretender Spitze in der Mitte, die Sägescheide erreicht die Spitzen der Cerci; Sägevalve (9. und 10. Zahn siehe Fig. 85) mit 21–23 Zähnen und 19–20 Haarschuppenbändern auf den Segmenten; 8. Tergit des ♂ (Fig. 84) mit kurzem, breitem Fortsatz; Penisvalve siehe Fig. 83. Innerer Enddorn der Hinterschiene etwas länger als die Spitzenbreite der Hinterschiene.

Flügel klar; im Vorderflügel Stigma, Costa und Subcosta gelblichweiß.
Länge: ♀ 6–8,5 mm, ♂ 5,5–7,5 mm.

Biologie unbekannt.

Schweiz (Alpengebiet).

Die Art gleicht *fasciatus* KONOW, unterscheidet sich aber besonders durch die schmale Sägescheide.

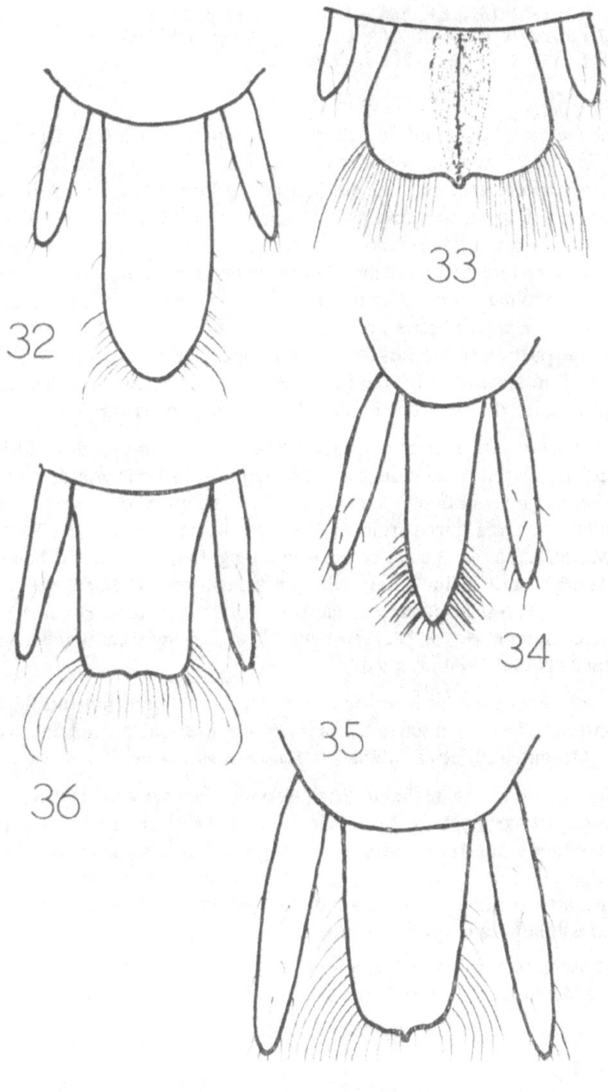

Fig. 32–36.
32: *A. miltonotus*, Sägescheide (Aufsicht) – 33: *A. lateralis*, Sägescheide (Aufsicht) – 34: *A. longiserra*, Sägescheide (Aufsicht) – 35: *A. semilacteus*, Sägescheide (Aufsicht) – 36: *A. arcticola*, Sägescheide (Aufsicht).

Amauronematus histrio (LEPELETIER)

Nematus histrio LEPELETIER, 1823: Mon. Tenthr., p. 63.
Nematus glenelgensis CAMERON, 1882; *luteotergum* NORTON, 1861; var. *nigrescens* ENSLIN, 1915; var. *rubens* ENSLIN, 1915.

Sehr variable Art.

Mundwerkzeuge weißlich; Kopf rötlichbraun; schwarz sind meist: Ocellarfeld, oft Postocellarfeld, Fühler, mehr oder weniger die Occipitalregion. Bei der var. *nigrescens* kann der Kopf ganz schwarz sein und nur die äußeren Orbiten bleiben rötlich. Am Thorax sind die Hinterecken des Pronotum und die Tegulae stets rötlichbraun; zumeist ist das Mesonotum rötlichbraun mit 3 Längsmakel, vor dem Schildchen 2 schwarze Flecke. Das Schildchen sowie Hinterschildchen sind mehr oder weniger schwarz, desgleichen Metanotum, Metapleuren, Propodeum und Spitze der Sägescheide schwarz. Dazwischen gibt es alle Übergänge zwischen rötlichbraun und schwarz. Beim ♀ bleibt das Abdomen in der Mitte stets rötlich ohne schwarze Flecke; beim ♂ kann jedoch das ganze Abdomen schwarz sein. An den Beinen sind schwarz: Streifen der Schenkel, Hinterschiene, Hintertarsen, mitunter sind alle Beine außer der Vorderseite der Vorderschienen schwarz.

K o p f : Von vorn wenig breiter als hoch (10:9); Clypeus knapp die Hälfte einnehmend, etwas winklig ausgeschnitten; Wangenanhang beim ♀ so breit wie der Fühlersockel-Zwischenraum, beim ♂ etwas kürzer; Supraantennalgrube durch eine Kerbe mit dem Frontalfeld verbunden, letzteres durch stumpfe Kiele an der Seite begrenzt; Postocellarfeld mit oder ohne Mittelfurche, ca. 2,5mal so breit wie lang, beim ♂ konvex, beim ♀ so lang wie der Durchmesser von 2, beim ♂ fast wie von 3 Postocellen; Oberkopf mit feiner lederartiger Skulptur; beim ♀ Kopf hinter den Augen erweitert, beim ♂ verengt; POL:OOL = 2,0:1,8; Wangenanhang = 0,8; Fühler beim ♀ so lang wie im Vorderflügel die Costa, 3. Glied kürzer als das 4. Fühlerglied.

T h o r a x : Mesoscutum deutlicher punktiert als das Praescutum; Schildchen fein punktiert, mit glatten, glänzenden Zwischenräumen, ohne Schildchenanhang wenig länger als breit (5,5:5); Mesopleuren etwas glänzend, schwach skulptiert.

G e n i t a l a r m a t u r : Sägescheide (Fig. 40) von oben weit vorragend, nach der abgerundeten Spitze zu verjüngt, so breit wie 3 Cerci, Cerci erreichen die Spitze der Sägescheide; Sägescheide mit Hypopygium so lang wie Hinterschiene mit Basitarsus; Sägevalve siehe Fig. 14. Beim ♂ Hypopygium an der Spitze breit abgerundet; 9. Tergit beim ♂ die Genitalarmatur bedeckend; Fortsatz des 8. Tergits kielförmig, nach der Spitze zu abgeplattet und wenig heraustretend; Penisvalve siehe Fig. 47, 48.

B e i n e : Hintertarsen beim ♀ viel kürzer als die Hinterschiene (beim ♀ 5:7, beim ♂ nur 5,5:6); Enddorne der Hinterschiene 1 Drittel so lang wie der Basitarsus.

Flügel klar, im Vorderflügel Stigma braun, Costa hellbraun.

Länge: 7–9 mm.

Larve an Salix vorkommend.

Verbreitet über Mittel- und Nordeuropa, Kaukasus, Nordasien und Nordamerika.

Amauronematus humeralis (LEPELETIER)

Nematus humeralis LEPELETIER, 1823: Mon. Tenthred., p. 66.
Nematus incanus FÖRSTER, 1854; *squalidus* EVERSMANN, 1847; *Amauronematus terminalis* MALAISE, 1931.

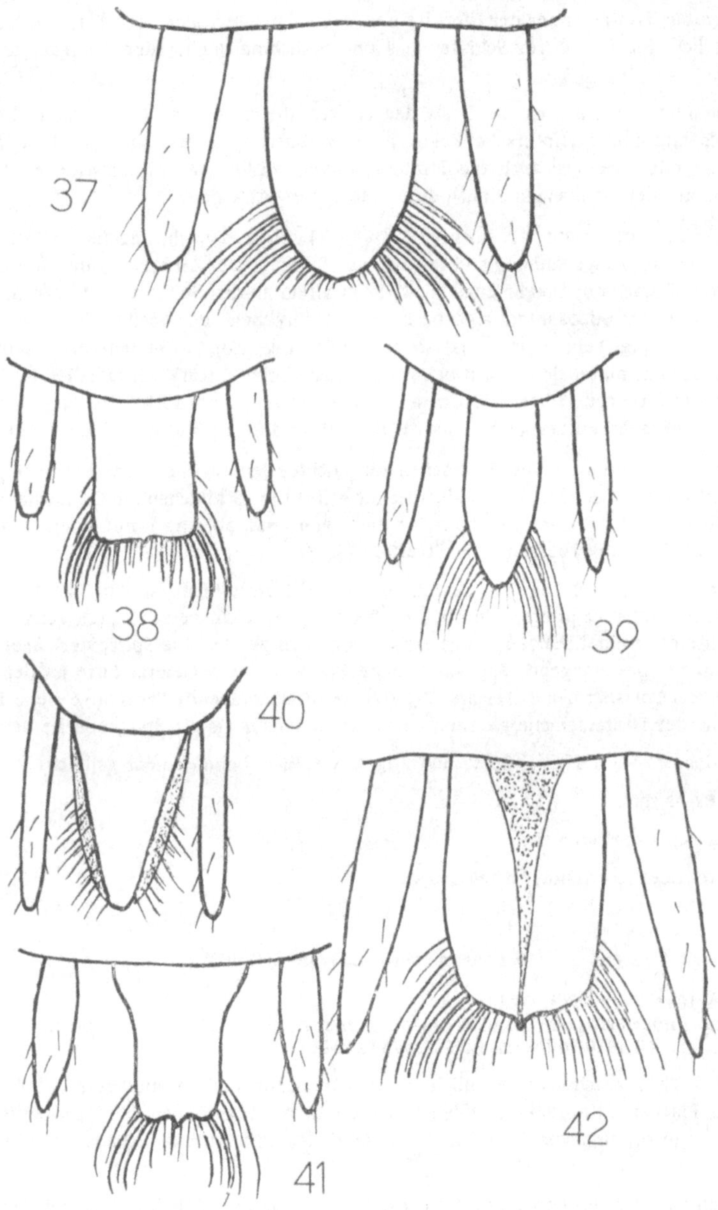

Fig. 37–42.
37: *A. fahraei*, Sägescheide (Aufsicht) – 38: *A. puniceus*, Sägescheide (Aufsicht) – 39: *A. viduatus*, Sägescheide (Aufsicht) – 40: *A. histrio*, Sägescheide (Aufsicht) – 41: *A. vittatus*, Sägescheide (Aufsicht) – 42: *A. humeralis*, Sägescheide (Aufsicht).

Schwarz. Weißlich sind: Mundteile, untere und äußere Orbiten, Hinterecken des Pronotum, Tegulae, Hinterränder der Sternite und beim ♀ Hinterränder der Tergite des Abdomen; rötlich sind ein oberer Schläfenfleck und manchmal mehr oder weniger die Mesopleuren.

Beine weißlich. Schwarz ist die Basis der Hüften; beim ♀ sind die Schenkel oben und unten schwarz liniert, Hinterschenkel auch an der Basis schwarz; beim ♂ sind die Vorder- und mehr oder weniger auch die Hinterschenkel, Mittel- und Hinterschienen (an der Spitze mehr oder weniger) und auch die Hintertarsen schwarz.

Kopf: Von vorn breiter als hoch (♀ 5:4, ♂ 4:3). Clypeus flach, ungefähr 1 Drittel tief ausgeschnitten; Wangenanhang so breit wie der Fühlersockel-Zwischenraum; Supraantennalgrube tief, nach oben mehr abgeflacht; Frontalfeld an den Seiten wenig begrenzt, vorn wulstig, nach der Supraantennalgrube nicht unterbrochen; Postocellarfeld beim ♀ 3mal so breit wie lang, beim ♂ ca. 4mal so breit wie lang; Kopf dicht lederartig skulptiert, wenig glänzend; hinter den Augen beim ♀ schwach, beim ♂ stark verengt; Fühler beim ♀ so lang wie im Vorderflügel die Costa, beim ♂ so lang wie Costa und Stigma zusammen, 3. Fühlerglied kürzer als 4. Glied; POL:OOL = 1,6:2,0; Wangenanhang = 1,0.

Thorax: Mesonotum und Schildchen mit dichter lederartiger Struktur, wenig glänzend; Mittelrinne des Praescutum bis über die Mitte tief; Schildchen mit Schildchenanhang wenig länger als breit (5:4); Mesopleuren mehr glänzend, aber auch mit lederartiger, teilweise in Punktierung übergehender Struktur.

Abdomen: Sägescheide (Fig. 42) kürzer als die Hinterschiene, so lang wie der Hinterschenkel mit 2. Trochantere, von oben nach der Spitze nicht verschmälert, reichlich doppelt so breit wie ein Cercus; Cerci erreichen von oben gesehen die Spitze der Sägescheide, Cerci zumeist überhängend; Sägevalve siehe Fig. 9. Beim ♂ Genitalplatte an der Spitze abgerundet; Fortsatz des 8. Tergits (Fig. 77) wenig überragend; Penisvalve siehe Fig. 46. Enddorne der Hinterschiene gleichlang und wenig länger als die Spitzenbreite derselben.

Flügel klar; im Vorderflügel Costa und Stigma weißlich, beim ♂ mehr gelblich.

Länge: 6,5–8 mm.

Larve an Salix vorkommend.

Verbreitet über Nord- und Mitteleuropa.

Amauronematus lateralis KONOW

KONOW,1895, Term. Füz., Vol. 18, p. 181.
Nematus imperfectus ZADDACH, 1875; *cameroni* PERKINS?; *Amauronematus trautmanni* ENSLIN, 1919; *piliserra* LINDQVIST, 1942.

Kopf und Thorax schwarz. Weißlich (im Leben grün) sind: Mandibelbasis, Oberlippe, Clypeus, Flächen unterhalb der Fühler, Orbiten, obere Augenecken, Hinterecken des Pronotum, Tegulae; manchmal rötlich sind: Rand des Praescutum, Schildchen und Mesopleuren.

Abdomen weißlich (im Leben grün) mit breitem schwarzem Mittelstreif auf der Oberseite und linienförmigen Seitenstreifen, Sägescheide schwarz.

Mitunter ist der Kopf ganz hell und nur ein großer Frontalocellarfleck ist schwarz. Beine bleich (im Leben grün); schwarz sind: Basis der Hüften, Streifen der Schenkel, Außenseite

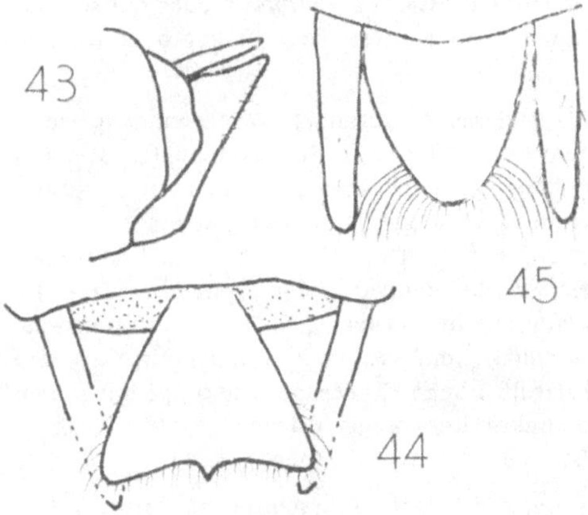

Fig. 43–45.
43: *A. amentorum*, Sägescheide (Seitenansicht) – 44: *A. amentorum*, Sägescheide (Aufsicht) – 45: *A. polaris*, Sägescheide (Aufsicht).

und Spitzen der Schienen, mehr oder weniger die Tarsen. ♂ etwas dunkler gefärbt als das ♀.

Kopf: Clypeus flach ausgerandet; Wangenanhang so lang wie die 2 Basalglieder der Fühler; Frontalfeld tief liegend, ohne deutliche seitliche Begrenzung; Supraantennalgrube tief, nach dem Vorderwulst des Frontalfeldes zu eingekerbt; Postocellarfeld sehr kurz und 4mal so breit wie lang; Kopf hinter den Augen verengt; Oberkopf stark punktiert, wenig glänzend; Fühler ungefähr so lang wie das Abdomen, 3. Glied kürzer als das 4. Fühlerglied.

Thorax: Mesonotum fein runzlig punktiert; Schildchen einschließlich Schildchenanhang so breit wie lang, glänzend, mit sehr verstreuter Punktierung; Mesopleuren lederartig gerunzelt, glänzend.

Abdomen: Oberseite lederartig skulptiert; Sägescheide (Fig. 33) von oben breit, ungefähr 3mal so breit wie ein Cercus, an der Spitze abgestutzt mit kleiner Einkerbung in der Mitte, viel kürzer als die Hinterschiene. Sägevalve siehe Fig. 20; Penisvalve siehe Fig. 71. Flügel klar; beim ♀ Costa und Stigma (lebend grün) weißlich, beim ♂ schwärzlich.

Länge: ♀ 6–8 mm, ♂ 5–6 mm.

Biologie unbekannt.

Nord- und Mitteleuropa, Kroatien.

Amauronematus (Decanematus) leucolaenus (ZADDACH)

Nematus leucolaenus ZADDACH und BRISCHKE, 1882: Schrift. phys. ökon. Ges. Königsberg, XXIII, p. 196.
Pontania unga KINCAID, 1900.
Von BENSON (1962) und HELLÉN (1970) synonymisiert; von LINDQVIST (1973) resynonymisiert: *Amauronematus saarineni* LINDQVIST, 1945.

Schwarz. Weißlich bis gelbbraun sind: Oberkiefer, Clypeus, Wangenanhang, äußere Orbiten, Hinterecken des Pronotum, Tegulae, beim ♀ Hinterrand des 8. Tergit, 9. Tergit mehr oder weniger die Segmentränder der Unterseite des Abdomen.

Beine gelbbraun. Schwarz ist die Basis der Hüften; Schenkel gelbbraun oder mit schwarzer Basis oder ganz schwarz; beim ♂ Tarsen und Hinterschienen mehr oder weniger schwarz.

K o p f : Clypeus flach, meist zu einem Drittel tief ausgerandet; Wangenanhang wenig breiter als der Zwischenraum der Fühlersockel (1,0:0,9–0,8); Supraantennalgrube meist ziemlich flach, nach oben den Vorderwulst des Frontalfeldes mehr oder weniger einkerbend; Frontalfeld rundlich, an den Seiten schwach begrenzt; Postocellarfeld 3–4mal so breit wie lang; beim ♀ Postocellarfeld so lang wie der Durchmesser von 1,5 Postocellen, beim ♂ höchstens so lang wie 1 postocellarer Durchmesser. Fühler beim ♀ so lang wie Thorax und Kopf zusammen, beim ♂ so lang wie im Vorderflügel Costa und Stigma zusammen, 3. Fühlerglied kürzer als das 4. Glied; Kopf von vorn wenig breiter als lang (♀ 9:7, ♂ 8:6), hinter den Augen beim ♀ parallel, beim ♂ verengt; Oberkopf mit feiner, gleichmäßiger und dichter, nadelrissiger Punktierung, wenig glänzend. ♀ POL:OOL = 1,8:1,7; Wangenanhang = 0,9; ♂ POL:OOL = 1,2:1,3; Wangenanhang = 0,8.

T h o r a x : Mesonotum dicht nadelrissig punktiert, matt, Praescutum im vorderen Teil mit tiefer Längsrinne; Schildchen konvex, mit feiner lederartiger Struktur und Längsfurche, so lang wie breit; der Schildchenanhang etwas tiefer liegend und mit dem Schildchen durch eine Naht verbunden; Mesopleuren beim ♀ undeutlich oder sehr fein, beim ♂ meist deutlich und etwas nadelrissig punktiert.

A b d o m e n : Sägescheide und beim ♂ Fortsatz des 8. Tergit von denselben bei *Amauronematus viduatus* (ZETTERSTEDT) nicht unterscheidbar, jedoch ist die Sägescheide bei *leucolaenus* so lang wie der Hinterschenkel mit oder ohne 2. Trochantere; Sägevalve siehe Fig. 7; Penisvalve siehe Fig. 50, 51. Enddorne der Hinterschiene gleichlang, meist über ein Drittel, oft bis zur Mitte des Basitarsus reichend.

Flügel klar, im Vorderflügel Costa und Stigma bleichgelb.

Länge: ♀ 5,5–6,5 mm, ♂ 4,5–5,5 mm.

Larve an Salix vorkommend.

Mittel- und Nordeuropa bis Kamtschatka, Alaska.

Amauronematus (Decanematus) longiserra (THOMSON)

Nematus longiserris THOMSON, 1862: Öfvers. Svensk. Vet. Ak. Förh., Vol. 19, p. 632.
Nematus leucodus ZADDACH, 1883; nach HELLÉN: *Amauronematus neglectus* KIRBY, 1882; *eiteli* SAARINEN, 1948.

♀: Rötlichbraun. Schwarz sind: Ocellarfeld, mehr oder weniger die Fühler, meist 2–3 Makel des Mesonotum, Gruben neben dem Schildchen, Metanotum, Propodeum, mehr oder weniger die Mitte der Tergite.

♂: Schwarz. Hell sind: Mundteile, Hinterecken des Pronotum und Tegulae; rötlichbraun sind: mehr oder weniger die Orbiten, öfters die Unterseite des Thorax, Unterseite des Abdomen, Beine beim ♀ rötlichgelb; beim ♂ Beine gelblich; mehr oder weniger die Hüften, Trochanteren und Schenkel schwarz. Mit feiner lederartiger Struktur, beim ♂ Mesopleuren oft flach skulptiert und glänzend.

K o p f : Clypeus reichlich zu einem Drittel tief ausgerandet; Wangenanhang so breit wie der Fühlersockel-Zwischenraum; Frontalfeld schwach begrenzt; Supraantennalgrube klein, nach dem Frontalfeld begrenzt oder schwach eingekerbt; Postocellarfeld ca. 2,5mal so

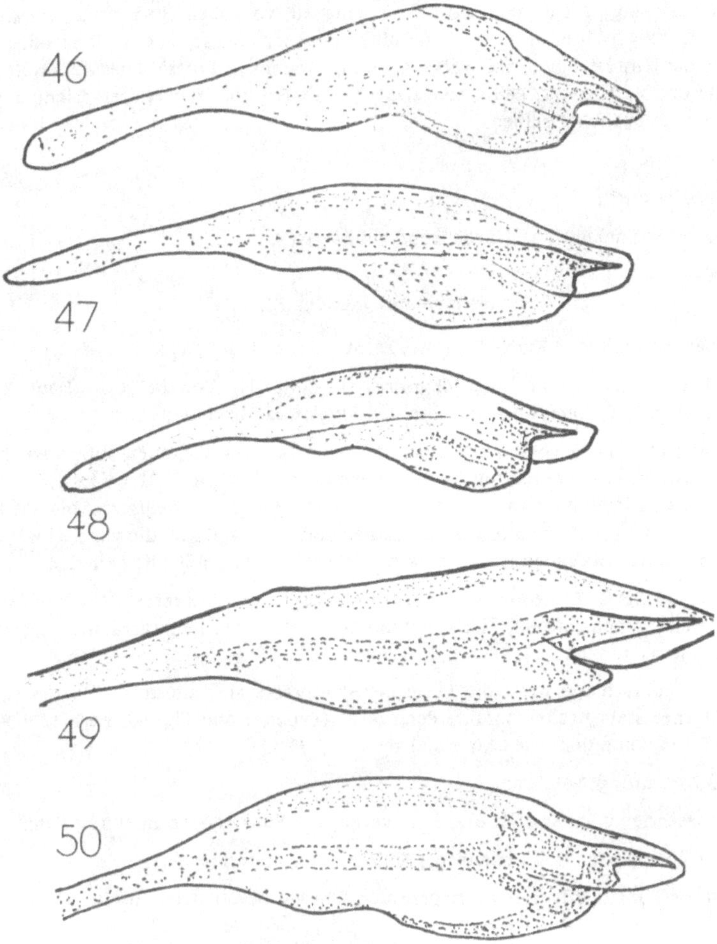

Fig. 46–50.
46: *A. humeralis*, Penisvalve (Seitenansicht) – 47: *A. histrio*, Penisvalve – 48: *A. histrio*, Penisvalve – 49: *A. viduatus*, Penisvalve – 50: *A. leucolaenus*, Penisvalve.

breit wie lang und beim ♀ so lang wie der Durchmesser von 1,5 Postocellen, beim ♂ an der Seite so lang wie der Durchmesser von reichlich 1 Postocellus; Fühler beim ♀ so lang wie Kopf und Thorax zusammen, beim ♂ ungefähr so lang wie im Vorderflügel Costa und Stigma zusammen, 3. Glied wenig kürzer als das 4. Fühlerglied; Kopf hinter den Augen beim ♀ wenig, beim ♂ deutlich verengt; ♀: POL:OOL = 1,5:1,5; Wangenanhang = 1,2.

Thorax: Mesonotum matt skulptiert, Schildchen leicht konvex, etwas feiner in der Struktur, aber auch matt, meist mit Mittelrinne, Schildchenanhang meist gekielt und mit diesem so lang wie breit; beim ♂ Mesonotum und Schildchen glänzender.

Abdomen: Sägescheide (Fig. 34) weit vorragend, von oben spitz, etwas parallel mit stumpfer Spitze, so breit wie 1,5 Cercusdurchmesser; Sägescheide so lang oder wenig länger als die Hinterschiene, Sägevalve siehe Fig. 8. Beim ♂ Fortsatz des 8. Tergits wenig vorragend und verbreitert; Penisvalve siehe Fig. 58. Enddorn der Hinterschiene ungefähr so lang wie die Breite derselben.

Länge: 6–8 mm.

Larve an Salix aurita.

Verbreitet über England und Nordeuropa bis Kamtschatka.

Amauronematus mundus KONOW

Amauronematus mundus KONOW, 1895: Term. Füz., Vol. 18, p. 127.

Diese Art ähnelt *Amauronematus longiserra* (THOMSON). Von ENSLIN (Deut. Ent. Z., 1915, p. 378) wurde *mundus* als Variante von *longiserra* abgehandelt.

Beim ♀ sind oft das Mesosternum, stets die Oberseite des Abdomen außer den Apikaltergiten schwarz, das Mesonotum ist mehr geschwärzt. ♀: POL:OOL = 1,6:1,7; Wangenanhang = 1,0; Sägevalve siehe Fig. 19. Habitus des ♂ wie bei *longiserra*, bis auf Untergesicht, Orbiten, Pronotumhinterecken, Tegulae und Genitalplatte, die ganz schwarz sind; die Unterseite des Abdomen ist geschwärzt; Schildchen stets mit Mittelfurche.

Nach LINDQVIST (1973, Notul. Ent., LIII, p. 45) liegt der markanteste Unterschied beim ♂ in der hellbraunen Färbung der Genitalplatte, welche bei *longiserra* stets schwarz ist oder wenigstens dunkler.

Besondere Unterschiede weist die Form der Penisvalve auf, die unterhalb des sklerotisierten Dornes stets breiter abfällt; Penisvalve (Typus) siehe Fig. 56; nach LINDQVIST typische Form von *mundus* (ex Livornia) siehe Fig. 59.

Länge: ♀ 7–9 mm, ♂ 5–6,5 mm.

Larve unbeschrieben, aber nach BENSON vermutlich Salix repens als Wirtspflanze.

Verbreitet über Mittel- und Südeuropa, Sibirien, Nordamerika.

Typus im Institut für Pflanzenschutzforschung, Eberswalde (Patria: Alsen).

Amauronematus maidli ZIRNGIEBL (♀)

Amauronematus maidli ZIRNGIEBL, 1937: Festschr. Strand, Vol. III, pp. 336–337.

Schwarz; gelb sind: Mandibeln außer der Basis, Oberlippe, Analtergit, Cerci. Beine gelb, Coxen und Basis der Schenkel schwarz.

Kopf: Clypeus breit und tief, eckig ausgerandet; Antennengrube groß und tief, Supraantennalgrube und Frontalfeld schwach angedeutet, Postocellarfeld ca. 3mal so breit wie lang, die Seitenfurchen setzen sich im oberen Teil des Frontalfeldes fort; Kopf von vorn dreieckig, dicht und deutlich punktiert, matt glänzend, hinter den Augen verengt (Antennen fehlen).

Thorax: Mesosternum und Schildchenanhang glatt und glänzend, Hinterschildchen chagriniert, Schildchen glatter als das Mesonotum; Mesopleuren fein chagriniert, mit verstreuten tiefen Punkten, matt.

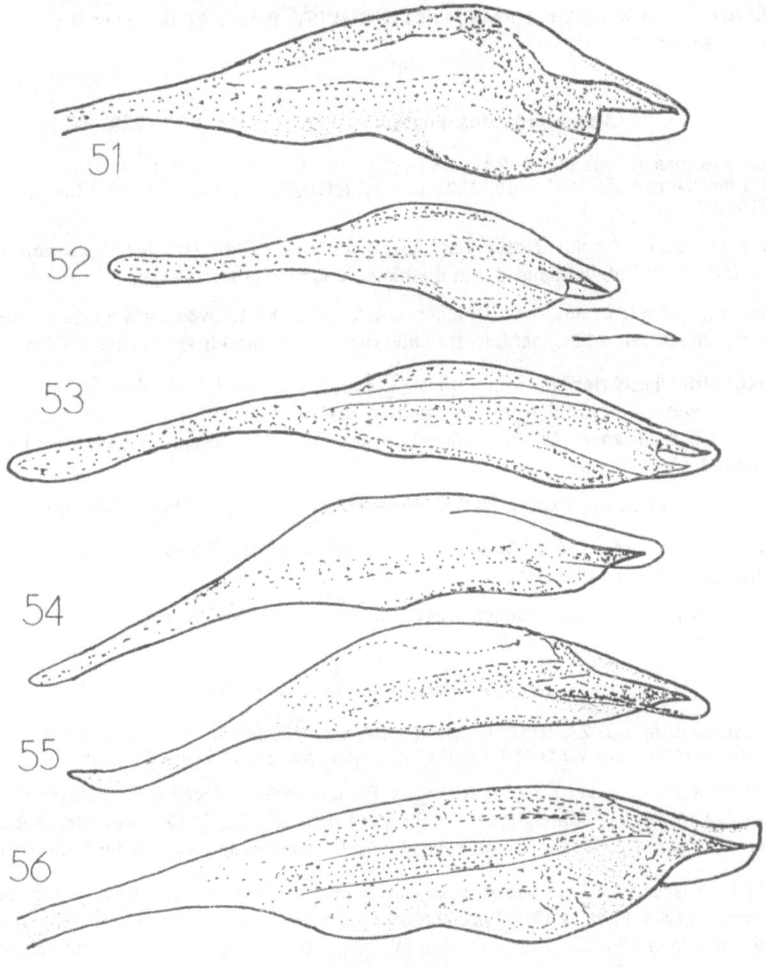

Fig. 51–56.
51: *A. leucolaenus*, Penisvalve – 52: *A. semilacteus*, Penisvalve – 53: *A. puniceus*, Penisvalve – 54: *A. microphyes*, Penisvalve – 55: *A. amentorum*, Penisvalve – 56: *A. mundus*, Penisvalve (Typus).

A b d o m e n : Sägescheide von oben dreieckig zugespitzt, von der Seite abgerundet, mit langen, grauen, bogenförmigen Borsten besetzt.

Flügel klar; Stigma und Costa im Vorderflügel gelb, Geäder etwas dunkler.

Länge: 4 mm.

1 ♀ (Typus) im Naturhistorischen Museum, Wien.

Locus typicus: Istrien.

Die Art gleicht äußerlich *boreoalpina* LINDQVIST, jedoch ist bei jener die Sägescheide anders gebaut.

Amauronematus (Pontoprista) microphyes (FÖRSTER)

Nematus microphyes FÖRSTER, 1854: Verh. Nat. Ver. Rheinl., Vol. 11, p. 344.
Pontoprista romani MALAISE, 1921 (nach LINDQVIST); *nana* LINDQVIST, 1949 (nach BENSON).

Nach LINDQVIST (1961, Notul. Ent., XII, p. 73) eine valide Art; der Typus von *amentorum* (FÖRSTER) abweichend durch die kleinere Größe (3 mm Länge).

Schwarz; mit nur bräunlichen Schienen und Tarsen und teilweise bräunlichen Schenkeln; Sägevalve mit nur 16 Segmenten, 3. Fühlerglied nur wenig kürzer als das 4. Glied.

LINDQVIST beschrieb auch das ♂ als Allotypus, welches bei Helsinki gefunden wurde. Färbung wie das ♀, Fühler so lang wie das Abdomen, 3. Fühlerglied deutlich kürzer als das 4. Glied; Stigma des Vorderflügels braun bis dunkelbraun; Penisvalve des ♂ abweichend, siehe Fig. 54.

Der Holotypus befindet sich in der Sammlung des Bayerischen Staates, München.

Bisherige Funde aus BRD: Aachen, Norwegen, Schweden, Lappland, Finnland, UdSSR: Kola-Halbinsel, Kanada: Ontario.

CONDE hatte den Typus gesehen und als *amentorum* ausgezeichnet.

Amauronematus miltonotus (ZADDACH)

Nematus miltonotus ZADDACH, 1882: Schrift. phys. ökon. Ges. Königsberg, Vol. 23, p. 143.
Amauronematus jaroslawensis JAKOVLEV, 1891; *hercyniae* KONOW, 1896.

♀: Gelb; schwarz sind: 2 Basalglieder der Fühler, seltener mehr oder weniger die Oberseite der folgenden Fühlerglieder; mehr oder weniger die Gruben des Metanotum; oft mehr oder weniger die Basaltergite; Hinterschienenspitze und Tarsen der Hinterbeine.

K o p f : Clypeus fast halbkreisförmig, meist bis zur Mitte ausgerandet; Wangenanhang so breit wie der Fühlersockel-Zwischenraum oder wenig kürzer (0,9–1,0); Supraantennalgrube tief, oval; Vorderwulst des Frontalfeldes höckerartig und eingekerbt, Frontalfeld an den Seiten undeutlich begrenzt, nach den inneren Orbiten zu schräg abfallend; Postocellarfeld reichlich doppelt so breit wie lang und ungefähr so lang wie der postocellare Durchmesser von 1–1,5; Fühler so lang wie das Abdomen, 3. Glied kürzer als das 4. Glied; Kopf von vorn wenig breiter als hoch (8:7), hinter den Augen parallelseitig, Oberkopf zum Teil fein punktiert und chagriniert, fettglänzend; POL:OOL = 2,0:1,0; Wangenanhang = 1,7.

T h o r a x : Mesonotum gleichmäßig punktiert, fettglänzend; Schildchen leicht konvex, mit verstreuter Punktierung, von dem etwas tiefer liegenden Schildchenanhang durch eine Naht getrennt; Schildchen wenig breiter als lang (4,0:3,5); Mesopleuren mit minutiöser Punktierung, glänzend.

A b d o m e n : Oberseite mit sehr feiner lederartiger Struktur; Sägescheide (Fig. 32) lang vorragend, so lang wie die Hinterschenkel ohne Trochanteren, von oben parallelseitig und an der Spitze abgerundet, so breit wie 2–3 Cerci; Sägevalve siehe Fig. 1.

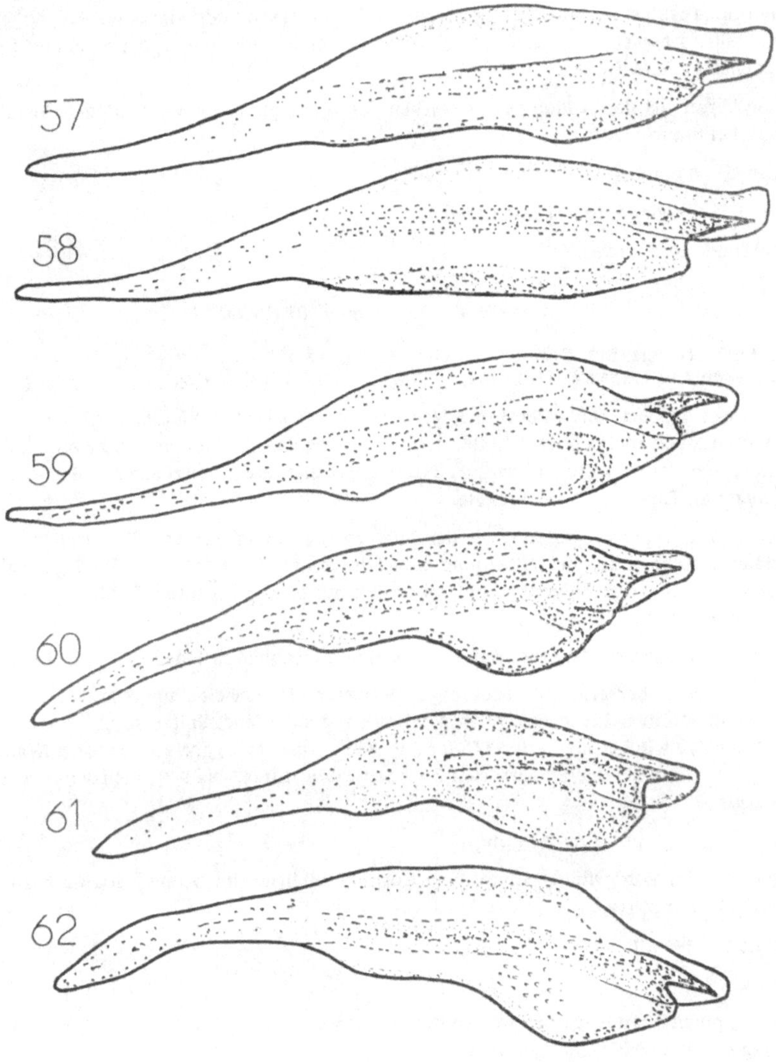

Fig. 57–62.
57: *A. mundus*, Penisvalve (typische Form nach LINDQVIST) – 58: *A. longiserra*, Penisvalve – 59: *A. mundus*, Penisvalve (ex Livornia) – 60: *A. fallax*, Penisvalve – 61: *A. fallax*, Penisvalve – 62: *A. fallax*, Penisvalve.

Enddorne der Hinterschiene gleichlang und ungefähr so lang wie die Hinterschienenspitzen-Breitseite; Hintertarse so lang wie Hinterschenkel mit Trochanteren.

Länge: 6,5–7,5 mm.

♂: Schwarz; gelblich sind: Flächen unterhalb der Fühler, hintere Orbiten, Hinterecken des

Pronotum, Tegulae, meist mehr oder weniger die Unterseite des Abdomen, Hypopygium. Beine gelb; schwarz sind: Basis der Hüften, schmale Linierung der Schenkel, Hinterschienenspitze und Tarsen.

Fühler länger als das Abdomen; Schildchen fast ganz glatt; im Vorderflügel Costa und Stigma hellbraun.

Länge: 4,5–6 mm.

Larve an Salix viminalis vorkommend.

Mittel- und Nordeuropa, Sibirien.

Amauronematus nimbus BENSON

1960, Mitt. Schweiz. Ent. Ges., Bd. XXXIII, Heft 3, pp. 177–178.
Amauronematus lanceatus HELLÉN, 1970 (syn. LINDQVIST, 1973).

♀: Schwarz; gelblich sind: Oberlippe, Vorderrand des Clypeus, kleiner Fleck der oberen Augenecke sowie an den oberen hinteren Orbiten, Tegulae, die letzten Tergite an der Seite, Hinterränder der Sternite, Spitzen der Hüften, Trochanteren, Spitzenhälfte der Schenkel. Schienen und Tarsen z. T. verdunkelt.

Kopf: Wangenanhang so lang wie der Fühlersockel-Zwischenraum; Postocellen weiter auseinanderstehend als die Entfernung zum Hinterrand des Kopfes (1,0:0,8); POL gleich OOL; Kopf hinter den Augen verengt, Oberseite mit grober Struktur; Fühler so lang wie im Vorderflügel die Costa.

Thorax: Oberseite glänzend, mit Punktierung, Mesopleuren lederartig skulptiert.

Abdomen: Oberseite mit lederartiger Struktur; Sägescheide ungefähr 2 Drittel so lang wie die Hinterschiene, von oben gesehen spitz zulaufend, Spitze so breit wie 1 Cercus; Sägevalve wie bei *sagmarius* KONOW. ♂ wie ♀, aber fast ganz schwarz; der Wangenanhang ist länger als der Fühlersockel-Zwischenraum (1,0:0,7 bis 0,8); Penisvalve wie bei *sagmarius*.

Länge: ♀ 6,5–7,5 mm, ♂ 5–6,5 mm.

Flügel klar; im Vorderflügel Stigma und Costa bräunlichweiß, beim ♂ Stigma bräunlich mit aufgehellter Mitte.

Biologie unbekannt.

Schweiz.

Bei der alpinen *nimbus* handelt es sich höchstwahrscheinlich um eine subspezifische Form von *sagmarius* KONOW, da genitalmorphologisch zwischen den beiden Arten nach BENSON keinerlei Unterschied besteht.

Amauronematus opacipleuris KONOW

Amauronematus opacipleuris KONOW, 1895: Term. Füz., Vol., p. 176.

Schwarz; braun sind: Oberlippe, mehr oder weniger die Sägescheide, beim ♂ Genitalplatte, Knie, Schienen, Tarsen.

Kopf: Clypeus flach, über die ganze Breite ausgerandet; Wangenanhang etwas länger als das halbe 3. Fühlerglied; Frontalfeld unbegrenzt, Vorderwulst fast fehlend, Supra-

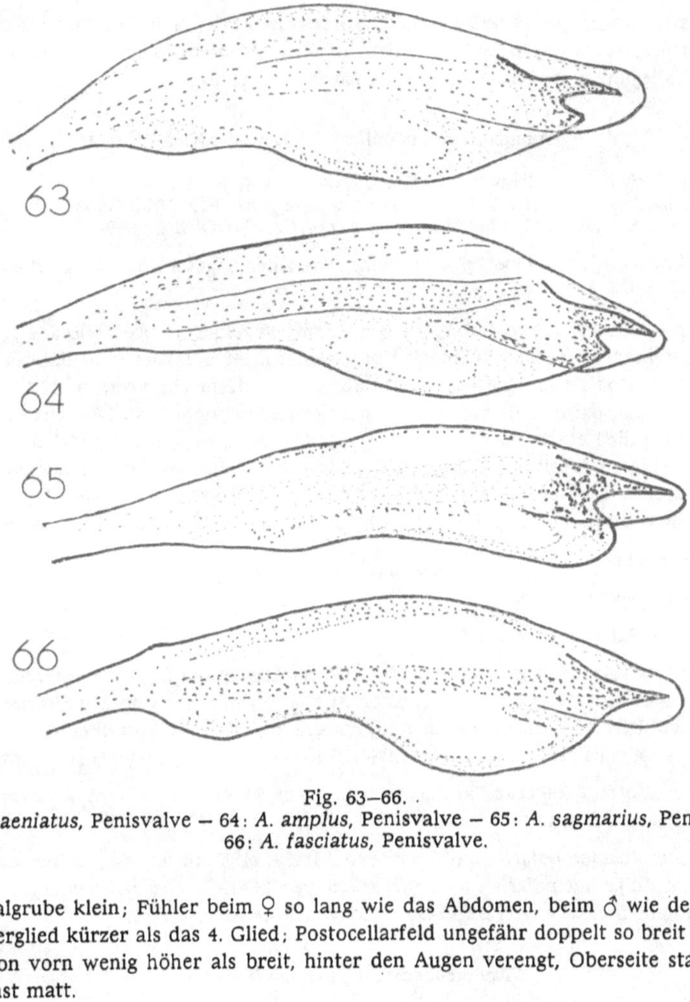

Fig. 63–66.
63: *A. taeniatus*, Penisvalve – 64: *A. amplus*, Penisvalve – 65: *A. sagmarius*, Penisvalve – 66: *A. fasciatus*, Penisvalve.

antennalgrube klein; Fühler beim ♀ so lang wie das Abdomen, beim ♂ wie der Thorax, 3. Fühlerglied kürzer als das 4. Glied; Postocellarfeld ungefähr doppelt so breit wie lang; Kopf von vorn wenig höher als breit, hinter den Augen verengt, Oberseite stark punktiert, fast matt.

Thorax: Mesonotum, besonders Schildchen und Schildchenanhang tief und weitläufig punktiert; Mesopleuren stark runzlig punktiert.

Abdomen: Glänzend, fast ganz glatt; Sägescheide spitz zulaufend, etwas länger als an der Basis breit; Sägevalve siehe Fig. 15; beim ♂ Fortsatz des 8. Tergits mit kaum überragendem Kiel. Enddorn der Hinterschiene so lang wie die Breitseite der Hinterschienenspitze.

Flügel klar, im Vorderflügel Costa und Stigma gelblich mit bräunlichem Rand.

Länge: 6 mm.

Biologie unbekannt.

Bisher in Österreich und der Schweiz gefunden.

Der Typus (Tirol; im Inst. f. Pflanzenschutzforschung, Eberswalde) wurde 1958 als Folge eines Ausleihversandes vollständig zerstört. Die aufgeklebten Fragmente sind unbrauchbar. Die Festlegung eines Neotypus erachte ich als notwendig.

Amauronematus polaris (HOLMGREN) (♀)

Nematus polaris HOLMGREN, 1883: Ent. Tidskr., Vol. 4, p. 143.
Pontania islandica KINCAID, 1900; *Nematus shumagensis* KINCAID, 1900; *Amauronematus subpolaris* LINDQVIST, 1948; *Pteronidea bipicta* LINDQVIST 1959.

Schwarz; bräunlich sind: Oberlippe, Tegulae, Basis der Sägescheide, Knie, Schienen und Tarsen.

Clypeus breit und tief ausgerandet; Wangenanhang ungefähr so breit wie das 1. Fühlerglied; Frontalfeld undeutlich begrenzt, Vorderwulst nicht unterbrochen; Supraantennalgrube flach; Postocellarfeld 2,5–3mal so breit wie lang; Kopf von vorn so breit wie hoch, hinter den Augen parallel; Fühler dünn, fadenförmig, bei dem ♀ so lang wie das Abdomen, 3. Fühlerglied etwas kürzer als das 4. Glied; Mesonotum und Schildchen glänzend, Praescutum mit undeutlicher Längsfurche; Schildchen (ohne Schildchenanhang) fast so breit wie lang; Mesopleuren fein skulptiert, leicht glänzend; Sägescheide (Fig. 45) ungefähr so breit wie 2 Cerci, zur Spitze schwach verengt; Spitze der Sägevalve siehe Fig. 89.

Länge: 4,5–5 mm.

♂ nicht sicher bekannt.

Vermutlich an Salix vorkommend.

LINDQVIST beschrieb 1944 (Notul. Ent., XXIV) die Larve und das ♂ von *polaris*, jedoch 1967 (Not. Ent., XLIVII) schrieb er: „Leider ist das ♂ von *polaris* noch unbekannt." Vermutlich liegt hier eine Transformierung mit einigen mit *polaris* verwandten Arten vor, die BENSON synonymisierte und die von LINDQVIST wieder resynonymisiert worden sind.

ČSSR: Hohe Tatra (Nefcerka-Tal, ca. 1800 m, nach BENĚS Ende Juni – Anfang Juli); Finnland, Kanada, Alaska.

BENĚS unterscheidet *polaris* und *leucopyga* LINDQVIST mittels der Zähne der Sägevalve; demzufolge hat *polaris* 14–15 und *leucopyga* 18–19 Zähne. Bei *leucopyga* handelt es sich um eine finnische, von BENSON synonymisierte Art.

Amauronematus pravus KONOW

Amauronematus pravus KONOW, 1895: Term. Füz., Vol. 18, p. 176.

Gelbbraun. Schwarz sind: Frontal-Ocellarfleck, kleiner Occipitalfleck; Mesepimeren, meist mehr oder weniger das Mesosternum, 3 breite Längsmakel des Mesonotum, Spitze des Schildchen, Mitte des Metanotum, Oberseite des Abdomen (von der Mitte ab haben die Tergite zunehmend gelben Hinterrand), seltener Unterseite des Abdomen ganz schwarz. Nach HELLÉN ist das ♂ mehr geschwärzt, gelb sind: Mundwerkzeuge, Spitze des Abdomen, größtenteils Vorderschenkel und Tarsen. Beim ♀ Beine gelb, Hintertarsen angedunkelt, seltener Basis der Hüften und Schenkel schwarz.

♀ (Typus):

K o p f : Clypeus über ein Drittel tief ausgerandet; Wangenanhang so breit wie der Fühlersockel-Zwischenraum; Supraantennalgrube furchenartig, den Vorderwulst des

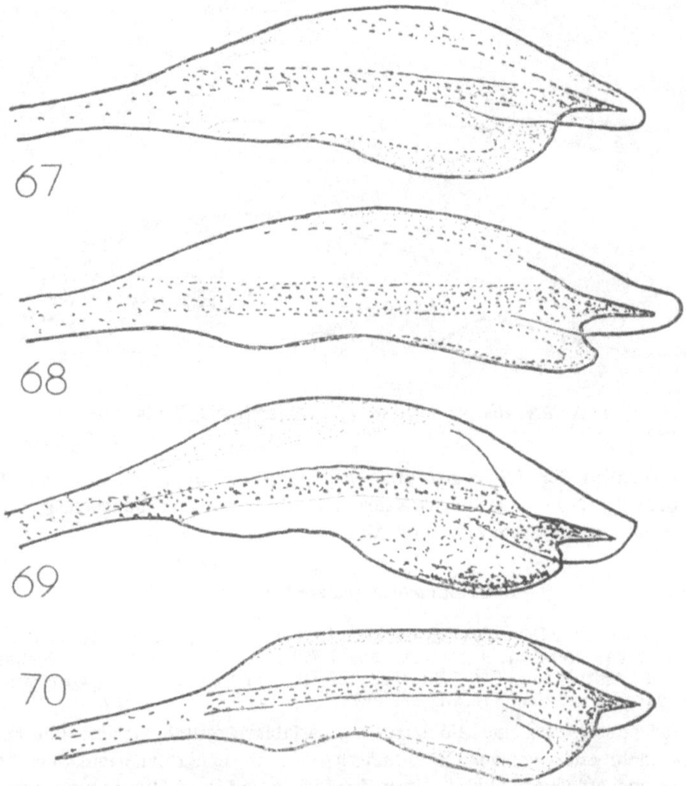

Fig. 67–70.
67: *A. aeger*, Penisvalve – 68: *A. tunicatus*, Penisvalve – 69: *A. vittatus*, Penisvalve – 70: *A. distinguendus*, Penisvalve.

Frontalfeldes tief einkerbend; Frontalfeld eben, mit seitlicher kielförmiger, etwas undeutlicher Begrenzung; Postocellarfeld mit Längsrinne, reichlich 1,5mal so breit wie lang und so lang wie der Durchmesser von reichlich 2 Postocellen; Kopf von vorn wenig breiter als hoch (10:9,5), hinter den Augen deutlich erweitert (beim ♂ Kopf hinter den Augen nicht erweitert), Oberkopf etwas glänzend mit runzliger Punktierung; Fühler etwas länger als das Abdomen, 3. Fühlerglied kürzer als das 4.; POL:OOL = 2,0:2,0; Wangenanhang = 1,1.

Thorax: Mesonotum deutlich punktiert, etwas glänzend; Schildchen sehr wenig konvex, etwas grob punktiert, glänzend, vom Schildchenanhang durch Randung getrennt; Schildchen (ohne Schildchenanhang) breiter als lang (5:4); beim ♂ Schildchen mit Mittelfurche.

Abdomen: Oberseite mit sehr feiner Querrastrierung; Sägescheide nur so lang wie Mittelschenkel mit 2. Trochantere, von oben schmal, nicht breiter wie 2 Cerci, fast parallel, an der Spitze schmal zugerundet. Sägevalve siehe Fig. 18.

Flügel klar, im Vorderflügel Costa und Stigma gelb.

71

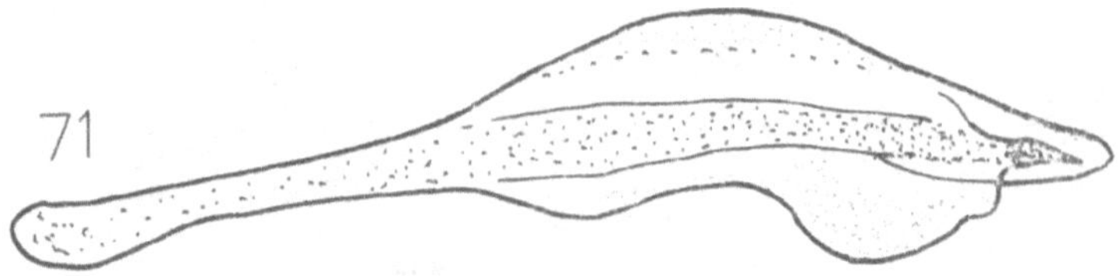

72

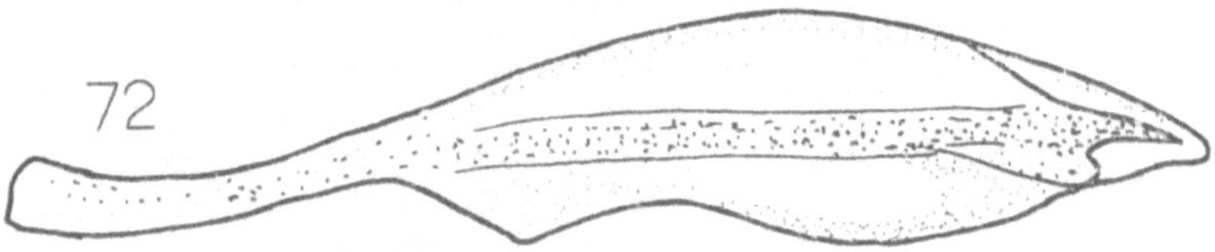

Fig. 71–72.
71: *A. lateralis*, Penisvalve – 72: *A. arcticola*, Penisvalve.

Der Typus (Institut für Pflanzenschutzforschung, Eberswalde) stammt aus „Livonia" (Lettische oder Estnische SSR); höchstwahrscheinlich ist das der südlichste Fundort. Verbreitet über die circumpolare Zone und Alaska.

Amauronematus puniceus (CHRIST)

Tenthredo punicea CHRIST, 1791: Naturgesch. Ins., p. 440; *nigrata* RETZIUS, 1783; *crocea* FABRICIUS, 1804; *Nematus melanosternus* LEPELETIER, 1823; in part *canaliculatus* HARTIG, 1840; *prototypus* FÖRSTER, 1854; *fahraei* ZADDACH, 1882; *nigridorsis* JAKOVLEV, 1891; var. *scabrivalvis* THOMSON, 1871.

♀: Orangefarben. Schwarz sind: Fühlerfurche, variabler Frontal-, Ocellar- und auch Postocellarfleck, mehr oder weniger Occipitalfleck; variable Längsmakel auf dem Prae- und Mesoscutum und oft Quermakel vor dem Schildchen, auf dem Metanotum, meistens auf dem Mesosternum, mehr oder weniger auf den Mesepimeren, meistens auf dem Schildchenanhang; Oberseite des Abdomen an der Basis stets, meist jedoch die ganze Oberseite außer den Segmenträndern und außer dem 8. und 9. Tergit schwarz; Basis der Hüften, seltener Spitzen der Schienen und Tarsen schwärzlich; Fühler schwarz, vor allem bei älteren Tieren leicht bräunlich; Untergesicht aufgehellt.

K o p f : Clypeus viertelkreisförmig, ungefähr zu 1 Drittel tief ausgerandet, Wangenanhang breiter als 1. Fühlerglied; Supraantennalgrube oval, nach dem Frontalfeld zwischen 2 Höckern eingekerbt, Frontalfeld seitlich schwach begrenzt, Postocellarfeld so lang wie der Durchmesser von ungefähr 1,5 Postocellen und ungefähr 3mal so breit wie lang; POL:OOL = 1,8:2,0; Wangenanhang = 1,0; Augen 1 Drittel länger als breit; Oberseite des Kopfes fein und dicht punktiert, hinter den Augen parallel, kurz behaart; von oben 2,6mal so breit wie lang, von vorn $^1/_4$mal so breit wie hoch; Fühler so lang wie im Vorderflügel Costa und basales Drittel des Stigma, 3. Glied kürzer als das 4.; Mesonotum fein, Schildchen gröber und weitläufig punktiert; Schildchen mehr flach, 1,4mal so breit wie lang; Sägescheide (Fig. 38) von oben so breit wie 3 Cerci und so lang wie die Cerci; Sägescheide und Hypopygium viel kürzer als Hinterschiene, Hinterschiene 1,7mal so lang wie die Sägescheide, aber 1,4mal so lang wie Hinterschenkel ohne Trochanteren; Sägevalve siehe Fig. 11. Enddorne der Hinterschiene halb so lang wie der Basitarsus.

Flügel klar, im Vorderflügel Stigma gelblich.

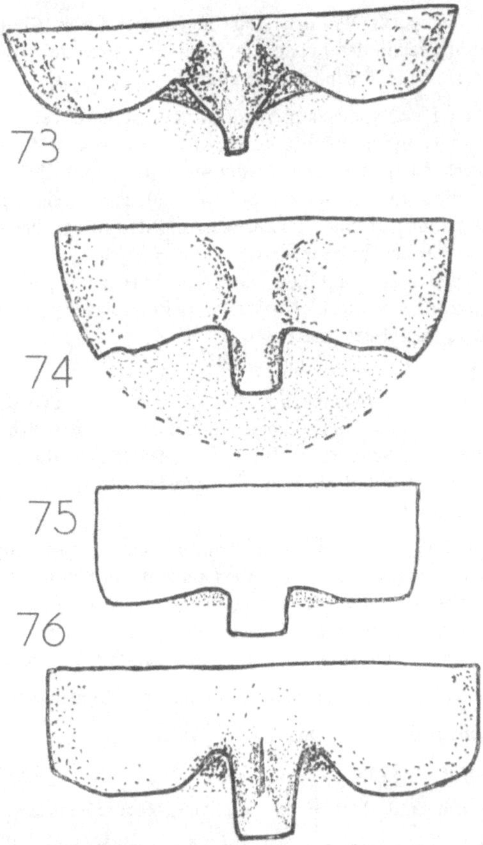

Fig. 73–76.
73: *A. puniceus*, Fortsatz des 8. Tergit beim ♂ – 74: *A. viduatus*, Fortsatz des 8. Tergit beim ♂ – 75: *A. viduatus*, Fortsatz des 8. Tergit beim ♂ (Variationsbreite) – 76: *A. fallax*, Fortsatz des 8. Tergit beim ♂.

♂: Oft sehr verdunkelt, aber die Schläfen bleiben fast stets hell; Fühler etwas länger als das Abdomen, aber kürzer als der Thorax; 9. Tergit die Genitalarmatur nicht bedeckend; Schildchen gewölbt und dicht lederartig skulptiert. Fortsatz des 8. Tergit siehe Fig. 73; Penisvalve siehe Fig. 53.

Länge: 5,5–6,5 mm.

Larve an Populus tremula vorkommend.

Verbreitet über Europa bis Sibirien.

Amauronematus sagmarius KONOW

Amauronematus sagmarius KONOW, 1895: Term. Füz., Vol. 18, p. 177.

♀ (Typus): Rotbraun. Schwarz sind: Supraclypealgruben, Ocellarfleck, Fühler, Spitze des Schildchens, Schildchenanhang, mehr oder weniger das Metanotum, Oberseite des Abdomen außer mehr oder weniger den Apikaltergiten; an den Beinen mehr oder weniger die Tarsen angedunkelt.

♂: Schwarz. Weißlich sind: meist Oberlippe, Clypeus, Wangenanhang, äußere Orbiten, Hinterecken des Pronotum, Tegulae, mehr oder weniger die Spitzen der Hüften, Trochanteren, Knie, Schienen und Tarsen.

K o p f : Clypeus am Vorderrand fast halbkreisförmig, fast bis zur Mitte ausgerandet; Wangenanhang wenig kürzer als Fühlersockel-Zwischenraum; Supraantennalgrube flach, furchenartig und den Vorderwulst des Frontalfeldes einkerbend; Frontalfeld klein, beim ♀ mit stumpfen Kielen, beim ♂ undeutlich begrenzt; Postocellarfeld nicht länger als der Durchmesser eines Postocellus und doppelt so breit wie lang; Fühler beim ♀ so lang wie im Vorderflügel die Costa, beim ♂ so lang wie Costa und Stigma zusammen, 3. Glied kürzer als das 4. Glied; Kopf von vorn wenig breiter als hoch (8:7), ♀ hinter den Augen schwach erweitert bis parallel, beim ♂ verengt, Oberseite sehr fein, ziemlich dicht lederartig skulptiert, matt. ♀: POL:OOL = 1,8:1,5, Wangenanhang = 0,9; ♂: POL:OOL = 1,6:1,4, Wangenanhang = 0,9.

T h o r a x : Mesonotum ziemlich flach und nicht dicht punktiert, etwas glänzend; Mesopleuren fein, mehr lederartig skulptiert, deutlich glänzend; Schildchen ziemlich flach, glänzend; Schildchenanhang vom Schildchen durch eine Furche getrennt, matt und fein runzlig; Schildchen beim ♀ wenig breiter als lang (4:3); beim ♂ Schildchen etwas runzlig und fast so breit wie lang.

A b d o m e n : Mit feiner Struktur, matt; Sägescheide (Fig. 28) so lang wie Hinterschenkel ohne Trochanteren, von oben schmal, spitz zulaufend, nicht breiter wie 2 Cerci, die Cerci reichen bis weit über die Hälfte der Sägescheide; Sägevalve siehe Fig. 4. Beim ♂ Fortsatz des 8. Tergits ziemlich weit vorragend, breiter als lang; beim ♀ Endsporn der Hinterschiene wenig länger, beim ♂ wenig kürzer als die Spitzenbreite der Hinterschiene.

Flügel klar; im Vorderflügel Costa und Stigma beim ♀ gelb, beim ♂ hellbraun.

Länge: ♀ 5,5–6,5 mm; ♂ 4,5–5 mm.

Larve an Salix.

Mittel- und Nordeuropa, Sibirien, Nordamerika.

Bei *Amauronematus sagmarius* lag mir als ♀ der Typus zu Grunde. Als ♂ erkannte ich ein von KONOW bezeichnetes ♂, welches als *leptocephalus* THOMSON beschriftet war.

Abgesehen von LINDQVISTs Darlegungen (1973, Notul. Ent., LIII, pp. 36–37) halte ich die von BENSON veröffentlichte Abbildung der Penisvalve (Fig. 65) von *sagmarius* für richtig. Besonders auffällig erschien mir bei dem als *leptocephalus* bezeichneten, oben erwähnten ♂ die Struktur der Mesopleuren, die mit dem Typus übereinstimmt, aber auch Vorderkopfhöhe und -breite und vor allem die relativ analogen POL:OOL-Werte. Abweichend erschien mir nur das Schildchen, welches bei dem vorliegenden ♂ nur so breit wie lang ist, aber dieses dürfte nicht überbewertet werden.

Das ♂ von *Nematus leptocephalus* wurde von LINDQVIST ausführlich abgehandelt und die Penisvalve abgebildet (1960, Acta Fauna et Flora Fenn., p. 21).

Der Lectotypus wird hiermit festgelegt (1 ♀, Sarepta, Institut für Pflanzenschutzforschung, Eberswalde).

Amauronematus semilacteus ZADDACH

Amauronematus semilacteus ZADDACH, 1883: Schrift. phys. ökon. Ges. Königsberg, Vol. 24, p. 148.

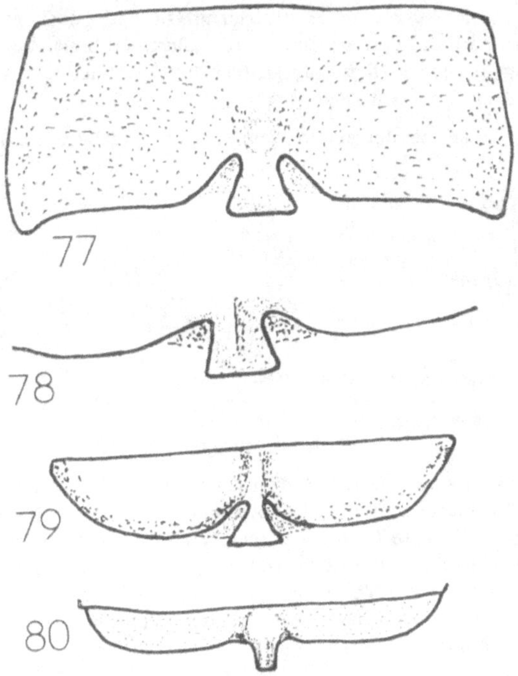

Fig. 77–80.
77: *A. humeralis*, Fortsatz des 8. Tergit beim ♂ – 78: *A. vittatus*, Fortsatz des 8. Tergit beim ♂ – 79: *A. semilacteus*, Fortsatz des 8. Tergit beim ♂ – 80: *A. amentorum*, Fortsatz des 8. Tergit beim ♂.

Kopf und Thorax schwarz. Bleich (beim lebenden Tier hellgrün) sind: Vorderkopf bis Fühlerbasis, hintere Orbiten, Hinterecken des Pronotum, Tegulae, Unterseite des Abdomen. Oberseite des Abdomen auf bleichem Grund beim ♀ mit 1. Tergit ganz schwarz und die folgenden Tergite meist mehr oder weniger mit schwarzen Querbinden, beim ♂ die Tergite schwarz mit hellen Hinterrändern. An den bleichen Beinen sind schwarz: Basis der Hüften, Ober- und Unterseite der Schenkel, mehr oder weniger die Spitzen der Schienen und Tarsen.

Kopf: Clypeus rundlich oder flach, bis maximal reichlich ein Drittel tief ausgeschnitten; Wangenanhang viel breiter als Fühlersockel-Zwischenraum; Supraantennalgrube tief, nach dem Frontalfeld verlängert, unterer Stirnwulst des Frontalfeldes meist leicht eingekerbt; Frontalfeld seitlich durch undeutliche Kiele leicht begrenzt; Postocellarfeld 3mal so breit wie lang und ungefähr 1,5mal so lang wie der Durchmesser eines Postocellus; Fühler beim ♀ so lang wie im Vorderflügel Costa mit basaler Hälfte des Stigma, beim ♂ so lang wie Costa und Stigma zusammen, 3. Glied kürzer als das 4. Glied; Kopf von vorn wenig breiter als hoch (8:7), hinter den Augen verengt; Oberkopf wenig glänzend, runzlig punktiert; POL:OOL = 1,6:1,6; Wangenanhang = 0,8–1,0.

Thorax: Mesonotum wenig glänzend, fein punktiert; Schildchen glänzend mit verstreuter feiner Punktierung, flach; Schildchenanhang durch eine Furche vom Schildchen getrennt, aber in gleicher Höhe liegend, zusammen länger als breit (♀ 5:4, ♂ 4:3); Mesopleuren im oberen Teil halbmatt, etwas gröber, nach unten zu feiner und glänzender punktiert.

Abdomen: Sägescheide (Fig. 35) viel kürzer als Hinterschiene (4:6), von oben gesehen ungefähr so breit wie 3 Cerci, nach der Spitze wenig verschmälert und breit abgerundet; Sägevalve siehe Fig. 6. Beim ♂ Fortsatz des 8. Tergit (Fig. 79) tief dreieckig ausgeschnitten und wenig vorragend; Penisvalve siehe Fig. 52.

Innerer Enddorn der Hinterschiene länger als der äußere, fast 1 Drittel so lang wie der Basitarsus der Hintertarse.

Flügel klar, im Vorderflügel Costa und Stigma braun.

Länge: 6,5–7,5 mm.

Larve an Salix caprea, cinerea und repens.

Verbreitet über Europa, Sibirien, Kanada.

Amauronematus sollemnis KONOW

Amauronematus sollemnis KONOW, 1895: Term. Füz., Vol. 18, p. 180.
Amauronematus forsiusi ENSLIN, 1915: Beih. Deut. Ent. Zeitschr., pp. 384–385.

♀: Kopf und Thorax schwarz; weißlich sind: Mundteile, Flächen unterhalb der Fühlerbasis, Hinterecken des Pronotum, Tegulae. Orbiten und Supraantennalfeld sind rötlich. Abdomen gelb; schwarz sind oft die Oberseite (mehr oder weniger), beim Typus (Mus. Budapest) die Basaltergite, die folgenden 2–3 Tergite sind schwarz gebändert. Beine gelb; schwarz sind: Basis der Hüften, Unterseite der Vorderschenkel, mehr oder weniger die Hinterschenkel, Hinterschiene mehr oder weniger von der Spitze aus, mehr oder weniger die Tarsen; die Trochanteren sind weißlich.

Kopf: Clypeus beim ♀ (Typusexemplar) spitz, bei anderen Exemplaren breit ausgerandet; Wangenanhang so breit wie der Fühlersockel-Zwischenraum; Frontalfeld tiefliegend, durch mehr oder weniger deutliche Kiele begrenzt; Supraantennalgrube nach oben in eine Furche verlängert, den Vorderwulst des Frontalfeldes nicht bis auf den Grund durchbrechend; Postocellarfeld ca. 3mal so breit wie lang und sehr kurz; Fühler wenig länger als das Abdomen, 3. Glied kürzer als das 4. Fühlerglied; Kopf hinter den Augen verengt, beim Typus von vorn breiter als hoch (4:3); POL:OOL = 1,8:1,3.

Kopf fein, Thorax dichter zerstreut punktiert, glänzend; Schildchen flach mit verstreuter flacher Punktierung, Schildchenanhang gröber punktiert. Sägescheide kurz, ungefähr so lang wie Hinterschenkel ohne Trochanteren, fast 4mal so breit wie ein Cercus, an der Spitze abgerundet; Sägevalve gleicht jener von *tunicatus* (ZADDACH); Enddorn der Hinterschiene länger als Spitzenbreite der Hinterschiene, aber kürzer als 1 Drittel des Basitarsus.

Flügel klar, Stigma und Costa im Vorderflügel schwarzbraun.

Länge: 6–7 mm.

Das ♂ nach KONOW wie das ♀, aber am Kopf Orbiten weniger hell; Abdomen ganz schwarz, nur 2.–4. Segment rötlich gesäumt; Beine schwarz, gelblich sind Knie, Schienen und Vordertarsen (diese Beschreibung bezieht sich höchstwahrscheinlich auf den verkannten *histrio* aus Mus. Budapest).

LINDQVIST (1961, Notul. Ent., XLI, p. 6) erwähnt: stärkere Punktierung der Mesopleuren und Fortsatz des 8. Tergit nur wenig überragend.

Länge: 5–6 mm.

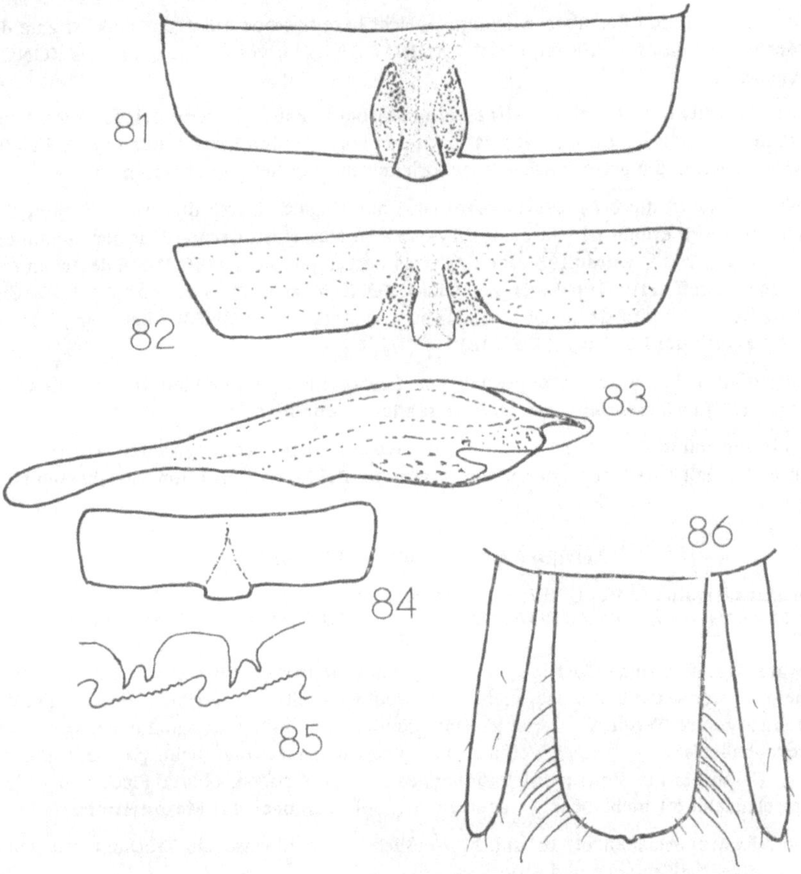

Fig. 81–86.
81: *A. taeniatus*, Fortsatz des 8. Tergit beim ♂ – 82: *A. amplus*, Fortsatz des 8. Tergit beim ♂ – 83: *A. godmani*, Penisvalve (nach BENSON) – 84: *A. godmani*, Fortsatz des 8. Tergit beim ♂ (nach BENSON) – 85: *A. godmani*, 9. und 10. Zahn der Sägevalve (nach BENSON) – 86: *A. godmani*, Sägescheide (Aufsicht).

Die Larve kommt höchstwahrscheinlich an Salix vor (FORSIUS, 1918, Med. Soc. F. Fl. Fenn., p. 11).

LINDQVIST erwähnt die Art von der Insel Lövö bei Helsinki in Finnland.

Die Art gleicht *tunicatus* (ZADDACH), mit welcher sie vielleicht identisch ist. Anzunehmen ist, daß es sich bei den von LINDQVIST beschriebenen dunklen Tieren um Varianten von *tunicatus* handelt, wie bereits von CONDE (1938, Ostbaltische Tenthredinoidea I, Notul. Ent., XVIII, 16) angenommen wurde; die von LINDQVIST abgebildete Penisvalve gleicht auffallend jener von *histrio* (LEPELETIER), was auch von HELLÉN angenommen wird.

BENSON (1958, Handbooks Ident. Brit. Ins., p. 213) hält *forsiusi* ENSLIN für *Nematus reticulatus* HOLMGREN, aber *reticulatus* weicht bereits schon durch das helle Stigma des Vorderflügels von diesem Komplex ab. LINDQVIST (1973) verteidigte *sollemnis* KONOW als valide Art.

Meines Erachtens liegt hier ein vorläufig unklärbarer Fall vor, denn bei der Variationsbreite der Gattung *Amauronematus* ist nach den vorliegenden Einzelfunden sowie bei den zu kleinen Serien die artspezifische Zugehörigkeit nicht sicher zu definieren.

KONOW erwähnt die 2 Typusexemplare (♂♀) aus Ungarn. Durch die Freundlichkeit von Herrn Dr. PAPP erhielt ich die beiden Typen vom Naturhistorischen Museum, Budapest, zum Studium. Das ♀ wurde 1974 von PAPP als Lectotypus signiert; CONDE determinierte 1938 den betreffenden Typus als *sagmarius* KONOW, später als *tunicatus* ZADDACH; LINDQVIST erkannte dann 1962 den Typus als *sollemnis* KONOW. Bei dem ♂-Typus handelt es sich um *histrio* LEPELETIER.

Es liegen auch Funde der nordeuropäischen Spezialisten aus Finnland vor, wo ebenfalls die von ENSLIN beschriebene *forsiusi* gefunden worden ist.

Irgendwann müßte diese Art auch im mitteleuropäischen Raum gefunden worden sein, denn es handelt sich hier weder um eine glaziale Reliktform noch um ein übersehbares Tier.

Amauronematus taeniatus (LEPELETIER)

Nematus taeniatus LEPELETIER, 1823: Mon. Tenthr., p. 65.
Amauronematus alpicola KONOW, 1895; *aemulus* KONOW, 1895; *zetterstedti* MALAISE, 1920.

Schwarz. Weißlich sind: Oberlippe, Clypeus, Wangenanhang, Hinterecken des Pronotum, mehr oder weniger die Tegulae, mehr oder weniger breite Hinterränder der Tergite des Abdomen vom 2. Tergit ab; variable Hinterränder der Sternite des Abdomen, von dominierend hell bis ganz schmal weißlich oder verschwindend (nur beim ♂), Genitalplatte des ♂. Gelblichbraun sind: meist Supraclypealdreieck, Orbiten, oberer Fleck neben dem Postocellarfeld, oft mehr oder weniger die Mesopleuren oder das Mesosternum.

Beine schwarz, Schienen oft bräunlich. Weißlich sind: teilweise die Trochanteren, mehr oder weniger die Schienen und Knie.

K o p f : Clypeus meist über 1 Drittel tief ausgeschnitten; Wangenanhang viel breiter als der Fühlersockel-Zwischenraum; Supraantennalgrube tief, nach oben in flacher Furche bis an das flacher liegende Frontalfeld verlaufend; Seiten des Frontalfeldes nicht begrenzt; Postocellarfeld an den Seiten nicht länger als der Durchmesser von 1,5 Postocellen und 2,5–3mal so breit wie lang; Fühler beim ♀ so lang wie im Vorderflügel die Costa, beim ♂ so lang wie Costa und Stigma zusammen, 3. und 4. Fühlerglied beim ♀ gleichlang oder 3. ein wenig kürzer, beim ♂ 3. Fühlerglied kürzer als das 4.; Kopf von vorn breiter als hoch (5:4); Oberseite des Kopfes dicht und grob skulptiert, hinter den Augen verengt. ♀: POL:OOL = 1,6:1,6, Wangenanhang = 1,2; ♂: POL:OOL = 1,2:1,3–1,6, Wangenanhang = 0,9.

T h o r a x : Mesonotum mit dichter und feiner Struktur; Schildchen leicht konvex, an den Seiten abfallend und höher liegend wie der Schildchenanhang, ziemlich glatt, glänzend, an den Seiten deutlich punktiert; Mitte des Hinterrandes vom Schildchen längs kielförmig mit dem Schildchenanhang verbunden (nicht konstant), Schildchen (ohne Schildchenanhang) fast so lang wie breit; Mesopleuren dicht skulptiert, matt, nach dem Unterthorax zu fein punktiert und glänzend.

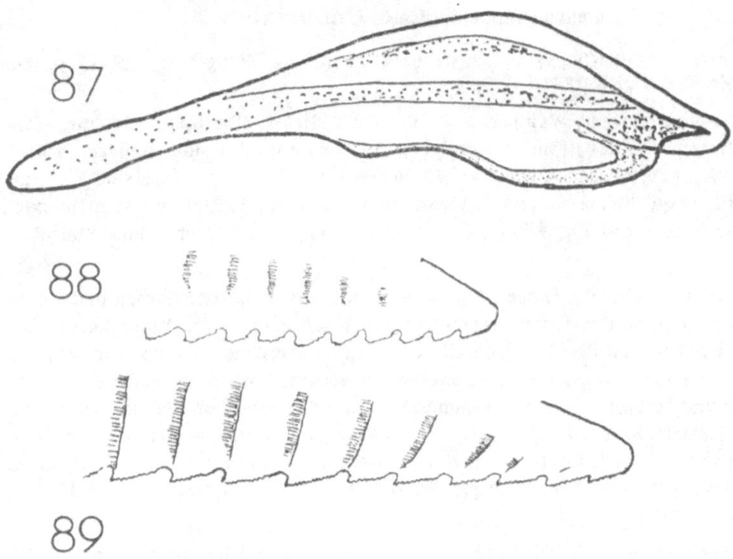

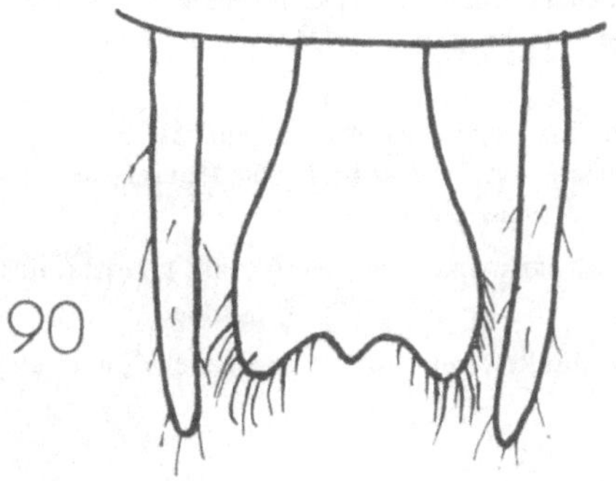

Fig. 87–90.
87: *A. varians*, Penisvalve (nach LINDQVIST) – 88: *A. varians*, Spitze der Sägevalve (nach LINDQVIST) – 89: *A. polaris*, Spitze der Sägevalve (nach LINDQVIST) – 90: *A. boreoalpina*, Sägescheide (Aufsicht).

A b d o m e n : Oberseite mit dichter rasterartiger Struktur; Sägescheide (Fig. 26) so lang wie Hinterschenkel ohne Trochanteren, von oben sehr breit, nach der Spitze fast parallel, ungefähr so breit wie die Schmalseite der Hinterschienenspitze; Cerci überragen die Spitze der Sägescheide; Sägevalve siehe Fig. 17. Fortsatz des 8. Tergits beim ♂ (Fig. 81) wenig überragend, aber an den Seiten fein ausgeschnitten und kielförmig; Penisvalve siehe Fig. 63.

Flügel klar; im Vorderflügel Costa und Stigma dunkelbraun.

Länge: ♂ 6–7 mm, ♀ 7–9 mm.

Larve an Salix.

Nord- und Mitteleuropa, Sibirien, Nordamerika.

Amauronematus tunicatus (ZADDACH)

Nematus tunicatus ZADDACH, 1882: Schrift. phys. ökon. Ges. Königsberg, Vol. 23, p. 166.
Nematus laevis BRISCHKE, 1882.

♀: Kopf und Thorax schwarz. Weißlich sind: Basis der Kiefer, Oberlippe, Clypeus, Wangenanhang, Hinterecken des Pronotum und Tegulae; hellbräunlich sind: äußere Orbiten mit Scheitelfleck an der oberen Augenecke. Abdomen rötlichbraun, schwarz sind 1. Tergit und Basis des 2. Tergit. Beine rotgelb; schwarz sind: Basis der Hüften, meist mehr oder weniger die Basis der Vorderschenkel und Hinterschienen, aber letztere manchmal ohne jede Schwärzung.

K o p f : Clypeus flach, über die ganze Breite ausgerandet, Ausschnittstiefe maximal 1 Drittel; Wangenanhang so breit wie der Fühlersockel-Zwischenraum; Supraantennalgrube tief und länglich, den Vorderwulst des Frontalfeldes nicht einkerbend; Frontalfeld rundlich, durch eine mehr oder weniger deutliche Kiellinie begrenzt; Postocellarfeld fast 3mal so breit wie lang und so lang wie der Durchmesser von 1,5 Postocellen; Fühler kürzer als die Costa des Vorderflügels, aber wenig länger als Kopf und Thorax zusammen, 3. Fühlerglied kürzer als das 4. Glied; Kopf von vorn (ohne Unterlippe) breiter als hoch (4:3), hinter den Augen verengt; Oberkopf fein und gleichmäßig lederartig skulptiert, matt. POL:OOL = 1,5:1,5, Wangenanhang = 0,5.

T h o r a x : Mesonotum mit feiner Punktierung, halbmatt; Schildchen flach, glänzend, mit verstreuter, flacher Punktierung; Schildchenanhang gekielt, gröber punktiert; Schildchen mit Schildchenanhang wenig länger als breit (4:3,5); Mesopleuren sehr fein punktiert, glänzend.

A b d o m e n : Oberseite sehr fein rastriert. Sägescheide (Fig. 31) so lang wie Hinterschenkel ohne Trochanteren, von oben ungefähr so breit wie 3 Cerci, die Cerci erreichen die Spitze der Sägescheide; Sägevalve siehe Fig. 2.

Enddorne der Hinterschiene ungleich lang und wenig länger als 1 Drittel des Basitarsus der Hintertarsen.

Flügel klar, im Vorderflügel Stigma dunkelbraun mit ausgezogener Spitze, ungefähr 3mal so lang wie breit.

Länge: 6–7,5 mm.

♂: Gleicht in der Färbung nach LINDQVIST (1961, Notul. Ent., p. 6) dem ♀. Auf dem 5. Tergit sind 2 kleine und auf den folgenden Tergiten größere Querflecke; am Kopf ist nur die Oberlippe und der Vorderrand des Clypeus gelblich; die Fühler sind länger als das Abdomen; der Fortsatz des 8. Tergit ist kurz, abgestutzt und schwarz; Penisvalve siehe Fig. 68.

Länge: 6 mm.

Larve an Salix vorkommend.

Verbreitet über Nord- und Mitteleuropa.

Amauronematus varians LINDQVIST, 1962

Notul. Ent., XLII, pp. 120–121.

Schwarz. Weißlich bis hellbräunlich sind: Oberlippe, Vorderrand des Clypeus, Hinterecken des Pronotum, beim ♀ Tegulae (beim ♂ mehr oder weniger schwarz), Spitzen der Hüften,

Trochanteren, Basis der Schienen; bräunlich sind: Analtergit, Umgebung der Sägescheide, größtenteils die Beine; rötlichbraun sind: hintere Orbiten, manchmal die Seitenränder des Praescutum, d. w. kann das Schildchen 2 rotbraune Flecke aufweisen. Schenkel mit mehr oder weniger schwarzer Strieme; beim ♂ Beine mehr verdunkelt, Hinterschenkel fast ganz schwarz.

Clypeus nicht tief ausgerandet; Wangenanhang nicht länger als das 1. Fühlerglied; Frontalfeld rundlich, schwach begrenzt; Supraantennalgrube nach oben den Vorderwulst des Frontalfeldes mehr oder weniger oder nicht einkerbend; Postocellarfeld ca. 3mal so breit wie lang; Kopf hinter den Augen kaum verengt, dicht und fein punktiert, wenig glänzend; Fühler beim ♀ so lang wie das Abdomen, beim ♂ so lang wie Abdomen und halber Thorax zusammen, fein und dicht punktiert; Mesopleuren mehr oder weniger glänzend; Schildchen etwas gewölbt, wenig breiter als lang; Sägescheide fast 4mal so breit wie ein Cercus, nach der Spitze zu schwach verjüngt, Spitze stumpf; Spitze der Sägevalve siehe Fig. 88; die Cerci überragen etwas die Spitze der Sägescheide; beim ♂ Genitalplatte an der Spitze fast halbkreisförmig abgerundet; Penisvalve siehe Fig. 87. Innerer Enddorn der Hinterschiene beim ♂ wenig kürzer, beim ♀ so lang wie die Spitzenbreite derselben. Flügel klar; im Vorderflügel Costa und Stigma beim ♀ bleichbraun, beim ♂ etwas dunkler.

Länge: 6–6,5 mm.

Imagines von HINZ (Einbeck) aus Larven von Salix aurita und Salix sp. gezogen.

Finnland, BRD: Umgebung Hannover.

Bis auf geringe genitalmorphologische Unterschiede gleicht *varians* der von LINDQVIST aus Finnland beschriebenen *anthracinus*; nach LINDQVIST sind die Fühler bei *varians* kürzer, kräftig und schwach komprimiert, bei *anthracinus* dagegen länger und fadenförmig.

Die Arten *varians* und *anthracinus* wurden von BENSON (1962) als *hyperboreus* THOMSON synonymisiert, aber von LINDQVIST resynonymisiert.

Ob es sich bei *varians* um eine ökologische Form oder um ein Synonym oder um eine valide Art handelt, wage ich nicht zu entscheiden. Genaues Studium der Variationsbreiten und meines Erachtens der ökologischen Verhältnisse wären erforderlich.

Amauronematus (Decanematus) viduatus (ZETTERSTEDT)

Tenthredo viduata ZETTERSTEDT, 1838: Ins. Lapp., Vol. 1, p. 351.
Nematus lepidotus HARTIG, 1840; *brachyotus* FÖRSTER, 1854; *luctuosus* FÖRSTER, 1854; *longiserris* THOMSON, 1862; *vagus* ZADDACH, 1882; *Amauronematus orbitalis* MARLATT, 1896; var. *lugens* ENSLIN, 1915; var. *laetus* ENSLIN, 1915.

In der Färbung sehr variable Art.

Kopf zumeist schwarz; beim ♀ meist Mundteile, hintere Orbiten, Hinterecken des Pronotum, Tegulae und Analsegment hell (var. *lugens*); öfters ist das ♀ rotgelb und folgende Teile sind schwarz: Fühler, Ocellarfleck, Nähte des Postocellarfeldes, Occipitalregion, 3 Makel des Mesonotum, Mesosternum, Metathorax und Oberseite des Abdomen außer den 2 letzten Tergiten (var. *laetus*). Das ♂ ist meist ganz schwarz und nur die Hinterecken des Pronotum und die Genitalplatte sind rötlichgelb, seltener sind beim ♂ die Mundteile und die Mitte der Unterseite des Abdomen orangefarben. Die Beine sind hellbraun; schwarz sind Hüften, Trochanteren und Basen der Schenkel; bei den dunkel gefärbten Tieren (var. *laetus*) ist zumeist nur die Basis der Hüften schwarz.

Kopf: Kopf beim ♀ hinter den Augen parallel, beim ♂ verengt; Unterlippe weit vorstehend; Clypeus nicht ganz bis zur Hälfte rundlich ausgeschnitten; Supraantennalgrube rinnenförmig, in das Frontalfeld übergehend; Frontalfeld deutlich begrenzt; Postocellarfeld gewölbt, reichlich doppelt so breit wie lang und beim ♀ an der Seite länger als der Durchmesser von 2 Postocellen, in der Mitte so lang wie der Durchmeser eines Postocellus; Oberkopf halbmatt, dicht lederartig skulptiert; Wangenanhang schmäler als das 1. Fühlerglied und dieses kürzer als der Fühlersockel-Zwischenraum; Kopf von vorn ohne Unterlippe wenig breiter als hoch (7:6); Fühler beim ♀ so lang wie im Vorderflügel die Costa, beim ♂ etwas länger, 3. Fühlerglied deutlich länger als das 4. Glied; POL:OOL = 1,5:1,3, Wangenanhang = 0,5.

Thorax: Mesonotum fein punktiert; Praescutum nur im vorderen Teil mit deutlicher Mittelrinne; Schildchen flach, glänzend, mit feiner (Schildchenanhang mit gröberer) Punktierung, zusammen so lang wie breit; Mesopleuren glänzend, ohne lederartige Skulptur.

Abdomen: Fein lederartig skulptiert; Sägescheide (Fig. 39) mit Hypopygium wenig kürzer als die Hinterschiene (4:4,5), von oben spitz zulaufend, aber abgestumpft, ungefähr so breit wie ein Cercus, die Cerci erreichen die Spitze der Sägescheide; Sägevalve siehe Fig. 12. Beim ♂ der Fortsatz des 8. Tergit quadratisch; Penisvalve siehe Fig. 49.

Enddorne der Hinterschiene so lang oder wenig länger als die Spitzenbreite derselben.

Flügel klar; im Vorderflügel Costa und Stigma hellgelb mit dunklem Rand, beim ♂ Costa und Stigma braun.

Larve an Salix vorkommend.

Mittel- und Nordeuropa, Nordamerika.

Amauronematus vittatus (LEPELETIER)

Nematus vittatus LEPELETIER, 1823: Mon. Tenthr., p. 64.
Nematus melanoleucus HARTIG, 1840; *exoletus* EVERSMAN, 1847; *continuus* EVERSMAN, 1847; *scabrivalvis* THOMSON, 1871; *Amauronematus crispus* BENSON, 1948.

In der Färbung sehr variable Art.

♀: Grundfärbung von Kopf und Thorax rot. Gelblichweiß (beim lebenden Tier hellgrün) sind: Flächen unterhalb der Fühler, Hinterecken des Pronotum, Tegulae, Unterseite des Abdomen, manchmal die Tergite an den Hinterrändern (var. *exoletus*) zumeist mehr oder weniger die Apikaltergite; schwarz sind: Fühler, manchmal der Ocellarfleck (var. *continuus*), 3 Längsmakel des Mesonotum, mehr oder weniger das Schildchen, seltener die Mesepimeren mit Metanotum und Mesosternum (var. *sternalis* ENSLIN), Oberseite des Abdomen.

Beine gelblichweiß (bleichgrün). Schwarz sind: Basis der Hüften, Ober- und Unterseite der Schenkel, Spitze der Hinterschienen, Tarsen.

♂: Schwarz. Gelblichweiß sind: Mundteile, Hinterecken des Pronotum, Tegulae, Hypopygium; braun sind: äußere, selten innere Orbiten. Beine gelblichweiß (bleichgrün). Schwarz sind: Hüften, mehr oder weniger die Trochanteren und Schenkel, Schienen an der Spitze, Außenseite der Tarsen.

Kopf: Clypeus ca. 1 Drittel tief und über die ganze Breite ausgerandet, Supraantennalgrube klein, meist mit nach oben ziehender Furche; vorderer Stirnwulst erhaben, öfters mit der Supraantennalgrube durch eine eingekerbte Furche verbunden, die Furche allerdings nur flach eingekerbt; Frontalfeld undeutlich begrenzt; Postocellarfeld 2,5mal so breit wie lang und ungefähr so lang wie der Durchmesser von 1,5 Postocellen; Kopf von vorn breiter als hoch (4:3), mit dichter, lederartiger Struktur, hinter den Augen beim ♀ weniger, beim ♂ stärker verengt; Fühler beim ♀ so lang wie im Vorderflügel die Costa, beim ♂ so lang wie Costa und Stigma zusammen, 3. Glied viel kürzer als das 4. Fühlerglied; POL:OOL = 1,8:1,3–1,5; Wangenanhang = 1,1.

T h o r a x : Mesonotum mit sehr feiner, lederartiger Struktur; Schildchen glatt und glänzend, mit ganz feiner obsoleter Punktierung, Schildchenanhang grob punktiert, zusammen wenig länger als breit (5:4); Mesopleuren fein skulptiert, matt.

A b d o m e n : Sägescheide (Fig. 41) sehr kurz, so lang wie der Vorderschenkel mit 2. Trochantere, von oben gesehen fast so breit wie 4 Cerci, die Cerci erreichen fast die Spitze der Sägescheide; Sägevalve siehe Fig. 13. Beim ♂ Fortsatz des 8. Tergit (Fig. 78) kurz und breiter als an der Basis, Genitalplatte an der Spitze leicht ausgerandet; Penisvalve siehe Fig. 69.

Enddorn der Hinterschiene ungefähr 1 Drittel so lang wie der Basitarsus der Hintertarsen. Flügel klar; im Vorderflügel Costa und Stigma beim ♀ hell, beim ♂ dunkelbraun.

Länge: 5–6,5 mm.

Larve an Salix repens und S. aurita vorkommend.

Verbreitet von Nord- und Mitteleuropa bis Kamtschatka.

Anschrift des Autors:
W. Heinz Muche, DDR – 8142 Radeberg, Postfach 62.

Register

1. Gültige Namen

2. Synonyme und infrasubspezifische Formen

Übersicht über die herausgegebenen Publikationen

Reichenbachia

Fachgebiet: Taxonomie (Neubeschreibungen, Revisionen und andere taxonomische Arbeiten mit geringem Umfang).

Tiergruppen: Insecta, Myriapoda, Arachnida.

Entomologische Abhandlungen

Fachgebiete: Taxonomie (Bestimmungstabellen, Monographien und andere taxonomische Arbeiten mit größerem Umfang), Phylogenie, Evolution, Morphologie, Anatomie, Biologie, Ökologie, Zoogeographie.

Tiergruppen: Insecta, Myriapoda, Arachnida.

Faunistische Abhandlungen

Fachgebiet: Faunistik. Diese Reihe dient auch zur Veröffentlichung faunistischer Kurzmitteilungen.

Tiergruppen: alle Gruppen mit Ausnahme der Protozoa.

Zoologische Abhandlungen

Fachgebiete: Taxonomie, Phylogenie, Evolution, Morphologie, Anatomie, Biologie, Ökologie, Zoogeographie.

Tiergruppen: Vertebrata; daneben Evertebrata mit Ausnahme der Insecta, Myriapoda, Arachnida, Mollusca und Protozoa.

Malakologische Abhandlungen

Fachgebiete: Taxonomie, Phylogenie, Evolution, Morphologie, Anatomie, Biologie, Ökologie, Zoogeographie.

Tiergruppe: Mollusca.

Übersicht über die erschienenen Publikationen

Nach 1945 erschienen folgende Bände:

Abhandlungen und Berichte aus dem Staatlichen Museum für Tierkunde in Dresden

Bände 21 (1953) – 25 (1960)
(Band 21 ist vergriffen).

Ab 1961 wurden die „Abhandlungen und Berichte aus dem Staatlichen Museum für Tierkunde in Dresden" in zwei Reihen unterteilt:

Entomologische Abhandlungen

Ab Band 26 (1961–1962) ff.
Zu den Bänden 36, 37, 39 und 40 erschienen Supplementbände.

Zoologische Abhandlungen

Ab Band 26 (1961–1964) ff.
Ab Band 26 ohne Insecta, ab Band 27 ohne Mollusca.
(Bände 26–29 sind vergriffen).

Im Zeitraum von 1962–1964 wurden zusätzlich die folgenden Reihen neu eingerichtet:

Reichenbachia

Ab Band 1 (1962–1963) ff.

Faunistische Abhandlungen

Ab Band 1 (1963–1966) ff.

Malakologische Abhandlungen

Ab Band 1 (1964–1967) ff.

Alle genannten Reihen erscheinen fortlaufend, jedoch zwanglos und ohne feste Bindung an das Kalenderjahr.

III-9-16 Jt 1943/75 10 T. (30045/9)

FSC
www.fsc.org
MIX
Papier | Fördert gute Waldnutzung
FSC® C083411

Zeitfracht Medien GmbH
Ferdinand-Jühlke-Straße 7
99095 Erfurt, Deutschland
produktsicherheit@kolibri360.de